四合院营造计划

王　苗／著

天津出版传媒集团

新蕾出版社

图书在版编目(CIP)数据

四合院营造计划 / 王苗著. -- 天津 : 新蕾出版社,
2023.9
ISBN 978-7-5307-7560-8

Ⅰ.①四… Ⅱ.①王… Ⅲ.①北京四合院-少儿读物
Ⅳ.①TU241.5-49

中国国家版本馆 CIP 数据核字(2023)第 044642 号

书　　名：四合院营造计划　SIHEYUAN YINGZAO JIHUA
出版发行：天津出版传媒集团
　　　　　新蕾出版社
http://www.newbuds.com.cn
地　　址：天津市和平区西康路 35 号(300051)
出 版 人：马玉秀
电　　话：总编办 (022)23332422
　　　　　发行部 (022)23332351　23332677
传　　真：(022)23332422
经　　销：全国新华书店
印　　刷：天津新华印务有限公司
开　　本：880mm×1230mm　1/32
字　　数：90 千字
印　　张：6.25
版　　次：2023 年 9 月第 1 版　2023 年 9 月第 1 次印刷
定　　价：26.00 元

目 录

第一章
乐　园

　　远远地，李卓凡就看到好朋友韩天骄在冲他招手大喊：
"李卓凡,这儿呢,这儿呢！"

　　童话世界里常见的尖顶城堡巍峨地矗立着；高高的过山车轨道上,一列过山车如蜿蜒的游龙一般呼啸而过,上面的游客们惊声尖叫；叮叮咚咚的音乐远远飘来,让人充满快乐的能量。前面就是游乐园了。周围兴奋的孩子们显然都是来玩的。

　　"你们好早呀！"李卓凡小跑着过去,边跟韩天骄打招呼,边甩着眼镜四下寻找,"小兰呢？"

　　不远处有一个自动售货机,韩天骄指了指自动售货机前的一个身影："小兰买水呢。"

　　李卓凡的眼睛瞪得大大的,脸上写满问号。现在售货机前只有一个戴着棒球帽,穿着白 T 恤、大短裤、运动鞋,背着一个双肩包的男孩，他正弯腰从售货机的出货口里掏出一瓶矿泉水。

他就是——小兰？

可是——小兰不是一个女生吗？

等戴着棒球帽的男孩转过身冲着韩天骄绽露出灿烂的笑容时，因为过于惊讶，李卓凡不大的眼睛瞪得溜圆，嘴巴也张成了一个大大的"O"形，下巴都快要脱臼了。什么？小兰不但是一个男生，而且还是一个深眼窝、白皮肤、高鼻梁、浅头发的——外国人？！

可仔细看看，男孩长的并不是外国人那种蓝色的眼睛，而是中国人那种乌溜溜、水汪汪的黑眼睛。他就像漫画中帅气的王子，眼睛大大的，瞳孔如黑色的宝石一般深邃。他一看就是个伶俐的淘气鬼，但眼中却透出如小动物一般澄澈无辜的眼神。他的眼睫毛又长又密，还弯弯地翘起来，扑闪扑闪的，像小帘子一样。他那清秀的气质、精致的五官、柔和的脸部轮廓，多少能看出一些中国基因。

原来，男孩是一个混血儿。他完全不在意李卓凡上下打量的目光，热情地挥着手，就像跟熟人打招呼那样，笑起来时还露出两颗可爱的虎牙，顽皮中透着单纯与憨厚。李卓凡完全没想到是这样的"剧情"，他一下子蒙了，下意识地抬手抹了抹额头上的汗珠儿。

七月初的北京，虽然此刻太阳还没有越过高尖顶的"童话城堡"，但是已经颇有几分威力了。

韩天骄憋着笑，故意清了清嗓子，说："给你们正式介绍一下，小兰，这是我的好朋友李卓凡；李卓凡，这就是我跟你说的小兰。"

李卓凡正犹豫着怎么跟小兰打招呼——是"嗨"一声，还是像大人那样握握手——小兰已经抢先将手臂搭在了李卓凡的肩膀上。他用力地拍了拍李卓凡，大大咧咧地说："李卓凡，你好呀！我是雅克·罗兰，你可以叫我雅克，也可以叫我罗兰，叫小兰也没问题。"

小兰一开口说话，李卓凡像被冻住了一样。

小兰操着一口地道的京腔，中国话说得十分流利。"小兰是中法混血儿，他的妈妈是北京人，爸爸是法国人。"韩天骄虽然用手掩住笑，但眼里那恶作剧得逞般的快意根本藏不住。

之前，韩天骄只是对李卓凡说，他小时候有个好朋友叫小兰，两人好久没见面了，这次小兰回北京过暑假，想一起去游乐园玩，问李卓凡要不要同去。哪有孩子不喜欢游乐园的，李卓凡想都没想就答应了。他虽有一瞬间猜想过,小兰是从哪里回来的——上海、深圳、广州还是成都?但他怎么也没想到,小兰来自法国巴黎,而且还是个有着一半中国血统的混血男孩!

"啊……"李卓凡还没反应过来,僵硬地杵在原地,脸通红通红的。

韩天骄的恶作剧得逞了,捂着嘴笑出了声。

小兰豪气又戏谑地说:"李卓凡,没关系的,很多人第一次见我都很惊讶,大概是因为我长得太漂亮了。"

李卓凡的脸更红了,浑身热辣辣的,难为情地挠着头。

小兰拧开矿泉水瓶盖,仰起头,"咕咚咕咚"喝了大半瓶,喝完用手背抹抹嘴:"哎哟,渴得我嗓子都冒烟儿了!"他的语气带着北京话特有的慵懒感,儿化音被拉得老长。

这个小兰,虽说是"国际友人",可行为举止却又像个接地气的"胡同串子"。这下,轮到李卓凡憋笑了。

小兰说:"我知道你笑什么。儿化音有什么呀,小菜一碟儿!我还会说绕口令呢!你是想听'红鲤鱼与绿鲤鱼与驴''灰化肥挥发会发黑',还是'红凤凰粉凤凰红粉凤凰粉红凤凰'?"

李卓凡实在憋不住了,哈哈笑出声来。小兰也笑了,两颗洁白的虎牙露出来,像极了可爱的小兔子。

听韩天骄说，小兰的妈妈在巴黎工作时认识了小兰的爸爸，从此定居法国，小兰就是在法国出生的。不过，小兰的妈妈坚持让他学汉语，在巴黎给他报了汉语班，每年还会把他送到北京的姥姥家过暑假，所以他能说一口地道的北京话。但交流多了，还是能不时听到他的一些"法式"汉语，比如，"今天是我最开心的一天，最开心的一秒"。他说话调门儿很高，好像连舌头都在努着劲儿，而且用词夸张、情感奔放，比如，"我爱死回北京过暑假了""姥姥做的饭好吃死了"……这些话听得多了，便会让人越发确定，他的确是一个北京话说得很好的——外国人。

"一听说今儿要来游乐园，可把我高兴死了！高兴得我昨儿晚上都没睡着觉。"小兰笑嘻嘻地说着。

"得了吧你，说得好像你从来没去过游乐园似的。"韩天骄揶揄他。

"说得好像你之前来这里玩过似的！"小兰毫不示弱。

真让小兰说着了，这家游乐园刚建成没多久，韩天骄和李卓凡都是第一次来。游乐园的规模堪比一座小城，海陆空游乐项目一应俱全，你想得到想不到的设施都能在这里找到。进了游乐园，小兰从话痨变成了花果山的猴子，仿佛有用不完的精力，专挑惊险、刺激的项目玩。丛林探险、太空漫游、激流勇进、旋转飞车，小兰一个不落地玩了一遍。有的项目玩一次不过瘾，还要玩第二次。游乐园里人多，受欢迎的项目都排着长长的队。将时间都花在排队上，未免有点儿浪费。但三个男孩中小兰最小，又是远方来客，为了不扫他的兴，韩天骄和李卓凡陪着他排了一次又一次。

不过排队真无聊呀，天气又热，李卓凡止不住地打着哈欠，要不是有小兰的"京片子"作为调剂，他都快站着睡着了。

小兰正声情并茂地讲着他这次从法国回北京的经历，跟说单口相声似的，李卓凡被逗得直乐，一乐困意便消失了。

小兰说，去年暑假，他爸爸妈妈忙得没时间带他回北京。今年暑假，他强烈要求一定要回来。两年没回北京，他都快想死北京、想死姥姥、想死北京的小伙伴了！今年，爸爸妈妈还是很忙，于是他就像件包裹一样，被快递到了北京——妈妈在巴黎的机场把他送上飞机，然后姥姥在北京的机场接他。十几个小时的旅程，他就这么独自面对。飞机终于落地，一位亲切的空乘带着他来到接机口，他一眼就看到了姥姥。一见面，小兰就大喊着："姥姥，我想死你做的炸酱面了！"姥姥逗他："你就只想我做的炸酱面？"小兰立刻就明白了，大声说："除了炸酱面,我也想死你了!"

李卓凡哈哈大笑。

小兰那帅气的面孔和流利的京片子在人群中很惹眼,大家边排队边饶有兴致地听他讲故事,脸上都挂着亲切友好的笑容。小兰是个人来疯,见自己很受欢迎,就继续叽里呱啦地说个不停,活泼得像一只小鸟,骄傲得像一只开屏的孔雀。

一双双眼睛看着他们,李卓凡有些尴尬,韩天骄却很自然,他分明已经习惯了这样的相处和别人注视的目光。他微笑地看着小兰,任由他天南海北地聊着,有一种哥哥对弟弟的无限娇纵与宠溺。不知不觉中,长蛇阵一般的队伍变短了。

偌大的游乐园逛了一半多,韩天骄和李卓凡累得腿都软了,可小兰还是精神抖擞、活力四射。如果不是肚子饿得咕咕叫,小兰真的会玩得忘了时间。

三个孩子在便利店买了面包和牛奶,坐在游乐园的马路牙子上就吃了起来。

李卓凡想起一个问题:"小兰,你刚回北京,你姥姥舍得你跑出来?你不用陪陪她吗?"

"哎呀,你不了解我姥姥,她酷得不得了,每天都要出去跳舞,忙得不亦乐乎,根本没时间搭理我。"小兰边啃面包边说。

韩天骄笑而不语的态度,说明小兰说的是真的。

李卓凡一时有些拿不准,小兰身上那股松弛感究竟是来自他浪漫的法国基因,还是来自一位北京老太太骨子里的自在潇洒。突然,李卓凡想到了自己的爷爷,如果爷爷也像小兰的姥姥一样洒脱,那他的生活也会快乐许多吧。

"哎,小兰,你什么时候去看看我奶奶,她见到你肯定会特别开心的。"韩天骄说。

"太好了,我都快想死刘奶奶了!"小兰的声音高亢而激动,"我都两年没见她了。见到她,我一定会高兴死的!"

"奶奶腿不好,搬到楼上后就很少下楼了,但她喜欢有人去看望她。"

"包在我身上!刘奶奶见到我,所有烦恼都会烟消云散的!"小兰拍着胸脯,自信满满地说,"连姥姥都说我是她的开心果,见到我她就高兴。"

"自相矛盾了呀!王奶奶到底是喜欢你回来,还是不喜欢你回来?"韩天骄故意"使坏"。

"当然是喜欢我回来,血浓于水嘛。"小兰文绉绉地说道。他在法国的汉语老师是个在中国退休后去法国投奔孩子的老教授,他会在课上教他们成语、古文,所以小兰不但能说一口流利的京片子,还能时不时迸出几个成语、几句斯文典雅的文言文。

快乐的时光总是过得很快,太阳已从尖顶城堡落下,暮色降临,人渐渐散去,运转了一整天的各式游乐设施仿佛也已疲惫不堪。

该回家了,但是小兰依依不舍,不住地说:"还早呢,咱们这就走了?"

"不早了,该回去了。"韩天骄说。

小兰撇着嘴,耸耸肩,一副可怜巴巴又无可奈何的样子。

"咱们晚上可以晚点儿回去,没关系的。"李卓凡赶紧给小兰帮腔。不知为什么,他觉得小兰天生就属于游乐园,那里的快乐、单纯和无忧无虑的欢笑声跟他最相配。他不忍心看到小兰眼里充满失落。

韩天骄见状,拍拍小兰的肩膀说:"好吧,看在你是远道而来的国际友人的分儿上,我们就陪你再玩一次!"

小兰想再玩一次过山车。小火车一点点攀到最高处,然后急转直下,朝地面俯冲而去,似乎下一秒就要撞到地面了,突然又翻了个身,游客们瞬间头朝下、脚朝上。李卓凡跟着大家一起尖叫,似乎如果不使劲大喊,鼓胀胀的肺部就要炸开了。

因为害怕，他紧闭双眼，巨大的离心力让他觉得像在混沌虚空、黑暗无边的空中飘游，无依无傍。突然，他发觉有人抓住了他的手，是坐在他旁边的小兰。

小火车又一次急转直下。在一片尖叫声中，李卓凡听到小兰大喊："永远是好朋友！"紧接着，韩天骄的声音响起："永远是好朋友！"李卓凡也跟着大喊："永远是好朋友！"

感到小火车缓缓停下来，李卓凡才敢睁开眼。看着韩天骄和小兰兴奋得手舞足蹈的样子，李卓凡也跟着笑了起来。

第二章
小 院

这里是北京城二环内老城区的胡同片区。胡同两侧是低矮的平房。胡同里车少、人少,安静怡人。胡同两侧生长着粗壮的槐树,树干上沟壑密布,叶子是墨绿色的,繁茂中透着沧桑与生机。炽热明亮的阳光穿过树冠洒下来,在路面上映出一大片斑驳的伞状阴影和一块块闪亮的光斑,让人萌生出巨大的幸福感。胡同是经过修缮的,灰砖灰瓦,整饬有序,绿树从一户户的院墙里顽皮地探出头来,墙外的花坛里开着红的、紫的、蓝的、黄的小花,静谧中透着勃勃生机。

李卓凡循着门牌号,终于找到了落花胡同 38 号院——一座古香古色的四合院。庄重大气的金柱大门①虚掩着,气势不

①金柱大门是中国建筑中的一种屋宇式宅门,是除王府外等级第二高的院门,仅次于广亮大门。

减当年。大门两侧安放着的两个石门墩,看上去已颇有些年纪了。大门是门楼状的,房檐上覆盖着鳞次栉比的瓦片,瓦片下面露出一根根整齐的木椽。椽头和枋板上画着彩画,斑斓又不失沉稳。再走到近前,一块匾额隐藏在大门的屏门上,如不留神,可能都发现不了。匾额上写着几个大字:落花胡同社区市民文化中心。

到了,就是这里。

放暑假之前,韩天骄说他要参加一个名叫"营造社"的公益社团组织的暑期活动,还问李卓凡有没有兴趣。李卓凡一听,立刻答应了。李卓凡一向佩服韩天骄的神通广大,对他"言听计从",况且自己正发愁怎么打发漫长的暑假呢。

营造社是由建筑师、城市规划师、考古学者、传统建筑爱好者组成的公益组织,经常有志愿者到学校、图书馆、博物馆讲授中国传统建筑的知识。这个暑期,志愿者们专门策划了"营造四合院"的活动,帮助孩子们了解北京四合院。主讲老师叫宋洋,他是营造社的骨干,在北京一个城市规划机构工作。听说他还是清华大学建筑系毕业的高才生呢。

一位老大爷从倒座房①里走出来,问李卓凡是不是来参加

①倒座房是中国传统建筑中与正房相对,坐南朝北的房子,又称南房。

12

营造社活动的,李卓凡说是,老大爷挥挥手让他进去了。

大门里面还有一座垂花门①。迈过垂花门,就是一个方方正正的院子。院子灰瓦灰墙,朱红柱子,菱花窗户,青砖墁地,古朴、整洁又典雅。院子的北屋、东屋和南屋用抄手游廊连接在一起,一左一右的东西厢房前各有一株海棠树。七月里,海棠花已经谢了,碧绿油亮的叶片越发茂盛,树干弯弯曲曲,又显出几分妖娆。院子当中有一个小小的瓜架,被密密匝匝的叶子覆盖着,一个个黄瓜、南瓜、葫芦从架子上垂下来,累累如珠。

李卓凡一下子就喜欢上了这个院子,这里既像世外桃源一般超凡脱俗,又充满烟火气息,让人觉得很亲切。而且院子里有一种花、草木和泥土混合在一起的香气——清新、温润、醇厚——这在钢筋水泥的高楼里很少能闻到。

韩天骄和小兰也到了。李卓凡冲他们招招手,示意他们快进来。

十来个孩子三三两两地分散在院子里。几个调皮的男孩

---

①垂花门是中国古代民居建筑院落内部的门,是内宅与前院之间的分界线。

指着小兰窃窃私语，大概是少见多怪吧。小兰看穿了他们的心思，大大咧咧地说："别看我的脸有点儿'洋味儿'，但我也是在北京胡同里长大的地道的中国男孩，大家不要把我当成'老外'。"

小兰这么一说，那几个男孩就不好意思了。

韩天骄面带一丝神秘感："小兰，你知道咱们现在在哪儿吗？"

"在哪儿？不是在营造社的活动地点吗？"小兰不假思索地说。

"我是说，你有没有觉得这里很熟悉？"韩天骄满脸期待地看着小兰，试图帮他唤醒一些记忆。

小兰眨巴着眼睛说："嗯，是有点儿熟悉，咱们之前也是住在这样的胡同四合院里。"

韩天骄无奈地叹了口气："好吧，好吧。"

韩天骄、小兰跟四合院的渊源，李卓凡是知道一些的。小兰的姥姥和韩天骄的奶奶（也就是小兰口中的刘奶奶）过去在东城区一个小四合院里同住，两个人关系好得跟亲姐妹似的，这友情也自然延续到了第二代、第三代。用韩天骄的话说，他和小兰从穿纸尿裤时就认识了，是名副其实的"铁瓷""死党"。

今年春天，四合院修缮工作启动，住在里面的居民都搬了出去。韩天骄的奶奶搬去了儿子家，小兰的姥姥则搬到了亲戚的一处空房子里，朝夕相伴几十年的两个老人就此分开了。不过，两家人半辈子的交情不是说断就能断的。这不，小兰这次从法国回来，还跟韩天骄一起来参加营造社的活动，其实就是为了找机会多在一起玩。

李卓凡看韩天骄意有所指，心生疑惑："这个院子有什么秘密吗？"

韩天骄神秘地眨了眨眼。

垂花门外有人说话："大家都到了吧？走，咱们先四处参观参观。"

话音未落，一位身穿白 T 恤、戴眼镜、干净清爽的大男孩走了进来。他就是宋老师。

穿过北屋旁边的抄手游廊，后面还有一个院子，是一个小花园。花园里有假山、水榭、石桥，贴着围墙还矗立着几丛竹子，青翠繁茂，令人神清气爽。挨着墙根还有一株石榴树，火红的石榴花还没有开尽，小灯笼一样的果子点缀在碧绿的枝叶间，煞是好看。

孩子们大呼小叫着，这个小花园真是太漂亮了。

宋老师说,这个四合院已经有两百多年的历史了,最初是一个浙江富商修建的。富商修建的大四合院原本有东西两路建筑,装潢精美豪华。后来,富商家道中落,将大宅子分割售卖——先是把西路带花园的院子卖了,再后来东路的院子也被卖了出去。几经辗转,西路院子成了一家幼儿园。现在大家所处的院子,门牌号是落花胡同 38 号,就是之前富商大宅子的西路院。在近期腾退四合院的过程中,幼儿园搬走了,38 号院经过修缮成了现在的社区文化中心。

孩子们惊呼真有意思,原来这个院子背后还有这么精彩的故事呢!

孩子们追问道:"那之前的东路院还在吗?"

宋老师笑着说:"还在。东路院卖出去后,转了几次手,一开始是办事处,后来又变成单位集体宿舍,现在已经成大杂院了,就是现在 38 号院旁边的 40 号院。本来东西路建筑间有角门和月亮门相通,但是分割后,这些通道就被堵上了。两个院子各自重修了大门,门牌号也分开了。从外面看,完全是两个独立的院子。"

孩子们又问:"那我们能去 40 号院看看吗?"

宋老师用商量的口吻说:"40 号院腾退完毕后,已经开启

院子里有一种花、草木和泥土混合在一起的香气——清新、温润、醇厚——这在钢筋水泥的高楼里很少能闻到。

了修缮工作,现在里面乱糟糟的,就是一个大工地,要不等修好了咱们再去看?"

"我们现在就想看,我们现在就想看!"孩子们叽叽喳喳地抗议着,像一群愤怒的小鸟。

这个二百多岁的大四合院有这么多故事,大家的好奇心都被勾起来了,此时却被告知无法参观,孩子们怎么会善罢甘休?

宋老师苦笑着,又略带几分骄傲地说:"好吧好吧,幸好40号院的修缮工作是我负责的,我打个电话跟里面的维修人员说一下吧。"

在他掏出手机打电话时,孩子们已经急不可待了,拉着他离开了花园,向大门走去。

小兰正要跟着人群往40号院去,被韩天骄一把拽住了。李卓凡见状也停住了脚步。"咱们去另外一个地方。"韩天骄煞有介事地说。

"去哪儿呀?"小兰问。

韩天骄不回答,只管向前走,李卓凡和小兰也只得跟着。他们拨开苍翠的竹丛,来到墙根下,竟然发现了两扇乌黑的小门。门闩是插上的,韩天骄用手轻轻一抽,"咔嗒"一声,门闩掉下来,两扇小门"吱呀"开了。

出了小门,是一条狭窄的小巷,窄得汽车根本进不来,三轮车都够呛,两个人迎面碰上,都要转一下肩膀给对方让路才行。小巷的两侧,一侧是 38 号院和 40 号院的后墙;另一侧是一溜儿矮矮的门挨门的平房,斑驳的墙壁上显露出岁月的痕迹。李卓凡发现,这条小巷还有名字呢,墙壁上贴着路牌:落花胡同夹道。

他们沿着落花胡同夹道向外走,尽头就是一个街口。在一座临近街口的小院前,韩天骄停下了脚步。

小院的两扇如意门紧闭着,一棵柿子树的枝丫从院里伸出来,斜斜地倚着院墙,像是累了一样。一颗颗圆圆的绿果子隐藏在绿叶中间,是还没有变红的小柿子。

韩天骄看向小兰,眼睛亮闪闪的:"小兰,你真的不记得了?"

小兰诧异地问:"记得什么?"

韩天骄耐心地说:"这是哪儿?想起来了吗?"

小兰雪白的脸变得红通通的,脑门儿上沁出一颗颗汗珠儿。他急得摘下了棒球帽,抓着头发,使劲回想着。实在想不出来,他又把棒球帽扣在头上,怄气般地把帽檐拨到了脑后。

"再想想,这是哪儿?"

倏忽,小兰的眼睛有了光彩,就像刚从梦中醒来。他惊喜地抓着韩天骄的胳膊,兴奋地说:"哎呀,我想起来了!我的妈呀,这里是咱们的家,是咱们的四合院呀!"他松开韩天骄的胳膊,又蹦又跳,又笑又叫:"落花胡同 42 号院!我想起来了!刚才的 38 号院就是你小时候上的幼儿园,40 号院是一个大杂院。都怪我好久没回来了,差点儿把咱们的四合院给忘了!"

韩天骄满意地点着头:"对呀,想起来了吧。38 号院之前是落花胡同幼儿园,小时候你从法国回来,王奶奶就把你送到那里,跟小朋友们一起玩。那时幼儿园的后门用铁链子锁着,但是咱们调皮,总是撬锁抄近道回家,有一次还被老师抓到狠狠训了一顿,哈哈!"

"对对对,我记得幼儿园里整齐地摆着一张张小床。因为我是临时来的,没有睡觉的地方,老师们对我特别好,特意给我也安排了一张小床。"小兰嘀咕着,"我还记得之前的小花园里有亭子,但是没有水。"

"嗯,小花园里的水景之前被填了,修缮时又恢复原状了。"韩天骄说,"还记得吧,咱们 42 号院的院门正对着 40 号院的后门,咱们经常跑到 40 号院去玩。40 号院特别大,各家各户的房子盖得到处都是，小路又窄又绕，像迷宫一样。有一次咱俩玩捉迷藏，你躲到了 40 号院，怎么都不出来，王奶奶和我奶奶到处找你，后来在 40 号院一家的煤池子里找着你，你弄得浑身都是黑的。"

小兰兴奋地说："但是那次我赢了，你没找到我。"而后，他又像个浪漫诗人一样抒情："我就说嘛，刚才我一进 38 号院，整个人轻飘飘的，就像在梦里一样，老觉得耳边有人说话。原来，是过去的我在呼唤现在的我呀！"

韩天骄取笑道："你就吹吧！要不是我提醒你，你下辈子也想不起来。"

小兰仍沉浸在自己的抒情世界："现在，过去的一切正从我的眼前闪过，就像放电影一样！"

小兰用力推了一下 42 号院的小门，推不动，这才发现门里挂着锁。韩天骄说，估计 42 号院也要开始修缮了。小兰叹着气。因为伤感，他又大发感慨："过门不入的感觉太不好了！我就是大禹治水故事里说的'三过家门而不入'。"

这个家伙，汉语学得真不错，还知道"大禹治水"和"三过家门而不入"呢，可惜使用的语境不对。

韩天骄揶揄他："你快得了吧，别装了，明明两年没回来了。"

"非不为也，是不能也。"小兰像个老夫子一样，摇头晃脑地说。

李卓凡终于有些懂了，问韩天骄："你就是因为这个，才来参加营造社的活动的吧？"

韩天骄说："其实挺偶然的，我不是一直对建筑感兴趣嘛，暑假前我在博物馆看到了营造社的活动资料，发现活动地点就是我之前的幼儿园。而且那里已经升级改造，完全不是小时候的样子了。"说完，他又介绍起宋老师："38 号院是宋老师主持修复的，他可是大名鼎鼎的城市规划师和建筑师。"

"咱们的院子也是宋老师负责吗？"小兰一脸期待。

"应该是吧。"韩天骄不确定。他看了看手腕上的电子表，"时间不早了，咱们赶快回去吧。"

三个孩子又从 38 号院的后门溜了进来，把门闩好后，回到了集合点。在东屋的大厅里，立式空调卖力地吹着，孩子们叽叽喳喳地议论着刚才在 40 号院的见闻。

"宋老师，40 号院真的是四合院吗？怎么一点儿也看不出来？"一个孩子问。

"是呀是呀，根本看不出来嘛。"其他孩子附和着。

宋老师一边打开投影仪，一边解释道："随着 40 号院住的人越来越多，原有的房子不够住，家家户户都见缝插针地在空地上盖起了自建房，新旧房屋混杂在一起，原来四合院的结构就被掩盖和破坏了，成了一个混乱无序的大杂院。所以这次 40 号院的修缮，我们首先要把居民们私自搭建的房屋都拆掉，让四合院露出它本来的面目，恢复其原有的结构。"

孩子们终于明白为何院子里到处都是砖石瓦砾、断壁残垣了。

小兰刚坐好便没头没脑地问："宋老师，落花胡同 42 号院的修复是您负责的吗？"

"是呀，也是我负责。"

"太好啦！"小兰激动得脱口而出，"42 号院是我和天天以前的家！"

宋老师很吃惊："真的？那太巧了。"随后，他笑着说："那我们可得好好修，一定要让你们满意才行呀。"

在大家羡慕的眼神中，小兰竟有些害羞了。

宋老师咕哝着："42 号院保存得很好，房屋原有的结构都没有被破坏，修缮起来容易一些。但有一个问题我还没弄清楚……"

"什么问题？"韩天骄急切地问。

"其实也没什么，不影响它的修缮。"宋老师笑了。

"那什么时候能修好呢？"小兰问。

"很快，个把月吧。"

小兰又开始激动得手舞足蹈起来。

宋老师突然想起什么似的，问："刚才好像没看到你们三剑客？"

李卓凡和小兰因心虚躲避着宋老师的目光。韩天骄则故作镇定地说："嗯，我们现在才回来。"

宋老师显然已经知晓了他们的行踪："那就好。40号院乱糟糟的，你们没迷路就好。"他打了个手势，示意孩子们安静下来，然后声情并茂地说："孩子们，咱们的暑期课正式开始了。欢迎你们走进北京四合院的神奇世界。"

大厅里面的隔断全部被打通，变成了一个大开间，中间摆着一张长条木桌和几十把木椅子，孩子们就围坐在桌旁。大厅最里侧的东墙上安装了投影仪，方便大家观看幻灯片。虽说设备和布局十分现代，但这里仍保留了过去老房子的架构，一抬头还能看到人形木制屋顶，承重的大梁、檩条和椽子也清晰可见；房顶中央还垂下来一个宫灯样式的照明灯，古朴又典雅。

　　李卓凡仰头看着这古香古色的屋顶，突然有些恍惚。宋老师正在讲四合院的格局和它背后的故事，他的声音仿佛越飘越远，而李卓凡沉浸在这悠远的历史中，仿佛做梦一般，一时竟不知自己身在何处了。

第三章
游　城

　　这阵子李卓凡整天跟韩天骄、小兰腻在一起，游乐园、动物园、电影院、公园、商场都去过了，他们还打算找个不太热的日子去爬香山、登长城呢。对于去哪里玩、怎么玩，李卓凡完全听从韩天骄和小兰的安排，并且乐在其中。虽然同样在这座城市长大，但李卓凡从小生活在北京新城的高楼里，整个世界仿佛只有家和学校那一方小小的天地。因此他并不像韩天骄这个老北京人和小兰这半个老北京人那样熟悉情况，自然乐得跟着他们在城市的各个角落闲逛。

　　三个男孩今天约好去什刹海划船。

　　盛夏的什刹海碧波荡漾、杨柳依依，湖水澄澈得仿佛一块巨大的蓝色镜面。微风吹过湖面，晃出一片片亮闪闪的碎银子。在这里，夏日的燥热仿佛被湿润的微风吹散，三三两两的行人或在水边惬意地散步,或在路边的咖啡店里小坐,窗外的美景尽收眼底。还有很多游客正认真听导游给他们讲解什刹海的历史。

小兰陶醉在周围的美景中,又开始抒情了:"我妈妈说,北京和巴黎是她最喜欢的两个城市,什刹海和塞纳河就是这两个城市的灵魂。"他指着路边的一个咖啡馆,扑闪着大眼睛,动情地说:"当年我妈妈就是在塞纳河边散步时,遇见了我爸爸。我妈妈散步累了,在塞纳河边的一个咖啡店里坐下来休息,而我爸爸正好也在那儿喝咖啡,两个人就这样认识了。我爸爸是一名优秀的厨师,他们结婚后一起经营了一家餐馆。爸爸妈妈结婚那么多年,仍旧跟热恋时一样,他们说他们经营的不是餐馆,而是爱的小屋,每位来吃饭的顾客都能感受到被爱的感觉。"

"悠着点儿,悠着点儿,牙都要酸倒了。"韩天骄故意拆小兰的台。

听小兰在大庭广众之下毫不掩饰地讲述爸爸妈妈的爱情故事,李卓凡羞得脸都红了。但他心中又很是羡慕,羡慕长着混血面孔的小兰像生活在童话王国的快乐王子;羡慕他的内心轻盈得像空中的白云、风中的柳枝,飘逸飞扬,自在洒脱,仿佛任何烦恼都抓不到他。

忽然，他们身后传来"丁零零"的声音，一个三轮车夫蹬着车子缓缓经过，后面还坐着两位游客。三轮车夫一面悠悠地蹬车，一面为身后的游客介绍着什刹海的风光。小兰一下子被吸引了，嚷嚷着也要骑车环游什刹海。

路边正好有共享单车，他们一人骑了一辆，"丁零零"地环绕着什刹海飞驰起来，洒下一路清脆的铃声。

风轻轻地吹着，路边咖啡馆里的音乐轻柔地飘荡着，还有几位音乐人抱着吉他，坐在店外的椅子上惬意地弹唱。再往前走，各种店铺逐渐变少，游人也少了，一座座传统四合院式的建筑出现了。高大巍峨、门庭深深、红门红墙的是过去的王府大院、贵族府邸，现在这些地方已经成为旅游景点或者机关、学校；修葺一新的已被开发为特色旅馆、饭庄和茶室，它们隐在一片绿树之中，不留神的话很难发现。

湖上有不少游船慢悠悠地漂着，远远看去，轻巧得像一只只纸船。"冬天什刹海上结了冰，就是天然的冰场，很多人会来这里滑冰，特别热闹。"韩天骄说，"真是奇怪了，咱们怎么一次都没来过？"

在韩天骄的"反思"和好奇中，大家已经骑着自行车从什刹海的一侧拐到什刹海的另一侧了。

李卓凡说："咱们今年冬天就来什刹海滑冰吧。"

"好呀！一言为定！"韩天骄说。

小兰急了："你们太不够哥们儿了，怎么能甩下我来这里
滑冰?！"

"谁让你冬天不回来的？小兰，学校圣诞节放假的时候你
回来吧，咱们一起来这里滑冰。"韩天骄说。

小兰顿时兴致高涨："好呀，我跟爸爸妈妈说,让他们圣诞
节假期带我回北京。"他用力蹬了几下车子,把韩天骄和李卓
凡甩在了身后。

"好,那我祝愿自己寒假也在北京。"韩天骄对着小兰的背
影大声喊道。

"寒假不在北京？你要去哪里？"李卓凡扭头问道。

"我爸爸在深圳工作,我寒假有可能去深圳。"韩天骄加快
车速,超过了李卓凡,去追赶小兰,"还没定呢！要是他回来,我
就不用去了。"

韩天骄从李卓凡身边快速擦过去。李卓凡一躲避,车子开
始"画龙",车速一下减慢了。李卓凡在心中祈祷,真希望寒假
时大家能一起在什刹海滑冰。

银锭桥到了。孩子们推着自行车站在桥上，商量下一步去哪儿玩。就在这时，两辆自行车"丁零零"地从烟袋斜街一前一后钻了出来，骑在前面的是孩子，后面跟着的是妈妈。小兰见状说："咱们去胡同里骑车吧。"韩天骄和李卓凡都说好。

　　什刹海沿岸内侧有无数条幽深寂静的小胡同，胡同两侧分布着一个个院落。这些院子大都大门紧闭，零星的几个行人举着相机在胡同里漫步，贪婪地拍来拍去。站在房檐上的鸟儿，趴在墙根的小猫，大门上挂的红灯笼、贴的对联，阳光照在胡同里半明半暗的光影，都被他们一一捕捉。胡同拐角处是一个由鲜花、绿茵、木椅组成的小小的街心花园，坐在那里聊天儿、晒太阳的老人也成了游人相机里的风景。

　　这些胡同与热闹的什刹海只有咫尺之遥，却仿佛被什么隔绝开来，成了另一个世界，独享一份寂静。一座四合院静静地矗立在湖边，仿佛从远古穿越而来，透着一份饱经世事的淡定与从容。沿着这些胡同骑行，仿佛沿着神奇的时间隧道走进了历史的深处，你甚至能感受到时间像河流一般潺潺流淌，"丁零零"的声音像是河流中一朵朵浪花的轻声吟唱。

　　他们骑着自行车，沿着胡同随心所欲地游荡。小兰浑身都是力气，一直在最前面骑行。他兴奋地说："我突然想起小时候姥姥教过我的一首儿歌,我给你们背背。"

说话间他们拐进了一条宽敞些的胡同,韩天骄和李卓凡追上去跟小兰并排骑着:"欢迎欢迎!"

小兰双手握着车把,清清嗓子,用地道的北京腔,一板一眼地背诵起来:

> 一副筐,八根儿绳,
>
> 挑起了扁担游九城。
>
> 卖葱啊,卖蒜啊,卖青菜,
>
> 打鼓儿,
>
> 喝,杂银钱儿,
>
> 哎,首饰来卖。

小兰背完,忍不住地大笑,韩天骄和李卓凡也跟着大笑起来。韩天骄兴奋地说:"亏你还记得这么清楚。你这么一说,我也想起小时候奶奶教我的一首儿歌——《平则门拉硬弓》……"

韩天骄还没说完,小兰就抢过话头:"我也会,我也会!姥姥也教过我。"

他们不约而同地背起来,声音越来越响亮:

平则门拉硬弓,

界边儿就是朝天宫。

朝天宫写大字,

界边儿就是白塔寺。

白塔寺挂红袍,

界边儿就是马市桥。

马市桥跳三跳,

界边儿就是帝王庙。

帝王庙摇葫芦,

界边儿就是四牌楼。

四牌楼东,四牌楼西,

四牌楼底下卖估衣①。

我问估衣怎么卖?

桃红裙子二两一。

…………

---

①旧衣服。

　　两人背完，又是哈哈大笑。因为兴奋，小兰雪白的脸蛋儿红扑扑的。胡同里迎面走来的几个行人笑着看他们，冲他们友好地竖起了大拇指。小兰笑得更得意了。

第四章
跳 舞

　　三个人沿着胡同骑呀骑，前方忽然传来喧嚣声和各色饭店飘出的饭香。原来他们一路向前，竟不知不觉地从胡同里钻了出来，来到了一条繁华的大街上。一抬头，钟鼓楼就在眼前。

　　这条街上，在一片低矮的平房之中，钟鼓楼宛如鹤立鸡群般醒目。鼓楼分上下两层，三重檐，歇山顶①，红墙、灰瓦、配着绿琉璃剪边。它的对面是钟楼，小而高，也是两层，重檐歇山顶，上覆黑琉璃瓦，古朴庄重。钟鼓楼南北相对，是北京南北中轴线的北端尽头。中轴线从这里一路南下，穿过景山公园、故宫、天安门、正阳门，一直到南边的永定门；从钟鼓楼一路北上，则越过一座座现代化的高楼大厦，直达奥林匹克森林公园的仰山，这是城市中轴线的延伸。过去，钟鼓楼有计时功能，早

①歇山顶是两坡顶加周围廊形成的屋顶样式，分单檐和重檐两种。

上敲钟，夜晚打鼓，掌控着城市的节奏。现在，暮鼓晨钟的场景早已消失不见，但钟鼓楼静静地矗立在那儿，本身就是时间的见证。

在烈日下骑了这么久的自行车，三个人大汗淋漓。于是，他们在路边的大树下停了下来。

"我还以为咱们走不出那些曲里拐弯的小胡同了呢。"李卓凡说。

"哈哈，多有意思呀，像走迷宫似的。"小兰一点儿也不觉得累。

钟鼓楼方向似乎传来"咚咚咚"的声音，不少人被这热闹的声响吸引过去。听说那里有广场舞比赛，小兰便吵着要去看热闹。他们把共享单车停在路边，穿过大街，向着钟鼓楼广场走去。

钟鼓楼广场上人山人海，三个人凑上前去，看到很多人正跟着音乐律动。广场中央竖起一个牌子，上面写着"北京市东城区广场韵律舞比赛"，牌子下就是简易舞台了。舞台四周站满了围观群众，几个考官坐在舞台对面，一支支队伍依次登上舞台表演。表演人员以老奶奶为主，偶尔能看到几位老爷爷，大家都精心化了妆，穿着民族服装、海魂衫、迷彩服、晚礼服等各式演出服,隆重又正式呢。

一支表演扇子舞的队伍结束了表演,紧接着上场的是腰鼓队。表演的老奶奶们身穿鲜红色的演出服,脚踩红色舞鞋,头戴红色花饰,手里的红绸和腰间系的腰鼓也全都是红色的,她们艳丽耀眼、欢欣喜庆。音乐响起,老奶奶们欢快地舞动着,身姿像小姑娘一样轻盈。同时,她们还有节奏地敲打着腰鼓,"咚咚咚咚""咚咚咚咚",十分震撼。围观群众的情绪被点燃,也跟着广场舞的节奏拍起了手。

小兰突然激动得大喊:"我姥姥!最中间领舞的是我姥姥!"

韩天骄说:"哎哟,真的是王奶奶,差点儿没认出来!"

王奶奶身材微胖,但是意气风发、舞姿婀娜,脸上洋溢着灿烂的笑容,整个人看上去特别年轻。

小兰蹦蹦跳跳地对着舞台招手,大喊着:"姥姥,姥姥,加油,你好棒!"王奶奶似乎发现了小兰,对着他们挤了挤眼,继续有节奏地舞动着,不时敲一下腰间的小鼓。

音乐结束,表演人员退场,三个男孩赶忙挤到了牌子侧面的休息区。

小兰兴奋地跑到姥姥跟前:"姥姥,你太厉害了!你跳起舞来像一只花蝴蝶！"

王奶奶看着三个男孩，声音爽朗，面带笑意地说："咳，这不东城区举行广场舞比赛吗？四合院腾退后，不少老姐妹都搬走了，但我们落花胡同社区还在呀，大家一商量，决定组队参加，把搬走的老姐妹们都叫回来助阵。我是落花胡同舞蹈队的队长，自然要回来参加。这才是初赛，后面还有复赛和决赛。唐僧取经似的，九九八十一关呢。决赛在龙潭湖公园举行，电视台还直播呢！"

"王奶奶，你们跳得特别好，一定能进决赛！"韩天骄说。

王奶奶开心地大笑："哎哟，天天呀，我们就是玩，得奖最好，不得奖也没关系。你奶奶最近身体怎么样？这每天忙得我呀，好久没去看她了。你回去跟她说，等我得空了找她玩去。"

韩天骄说："奶奶最近身体挺好的。"

"那就好，那就好。你爸爸怎么样，还在深圳吗？哎呀，现在年轻人都忙，一忙起来什么都顾不上，忘了老家儿生日这种事根本就不是事。就说我那姑娘吧，在法国定居了，一年到头不回来一次，我还落得清闲呢！儿孙自有儿孙福，孩子长大后，就像小鸟一样拍着翅膀飞走了，怎么能拴得住呢？就是你过你的，我过我的，互不相干……"

王奶奶的话又密又快，李卓凡像听天书一样。小兰见姥姥编派别人时，又把他捎带进去了，无奈地耸了耸肩。

王奶奶好不容易停下来，突然想起什么，笑着对韩天骄说："哎呀，天天，你别介意，奶奶不是在说你呀，奶奶知道你是个孝顺的好孩子。"

韩天骄笑笑。

王奶奶看了一眼腕上的手表，大呼小叫道："哎哟喂，都十一点了！你们饿了吧？反正我是饿了，走，咱们吃午饭去。咳，这妆我也不卸了，衣服也不换了……"她急匆匆地从广场舞比赛的物品保管处拿回自己的小包。

大家刚要走，王奶奶的一个队友急匆匆追过来："队长，队长，分数出来了，咱们进下一轮了，马上就要开始复赛。咱们跳藏族舞《北京的金山上》吧，那得穿藏族服装，得找个地儿赶快换衣服，要不来不及啦！"

王奶奶乐开花了，高声说着："好好好，旁边有个宾馆，咱们就去那儿换！你们先去，我马上就来！"她从小包里掏出二百块钱，塞给韩天骄："天天，奶奶一会儿还有比赛，不能带你们去吃饭了，你们自己去吧，想吃什么点什么，敞开儿了吃，千万别跟奶奶客气！"说完就急匆匆地走了。刚走几步，她又回过头对韩天骄说:"天天,回去跟你奶奶说,等我有空了去看她。"

小兰看着姥姥风风火火的背影说:"我姥姥这一天天的,比联合国秘书长都忙。"

李卓凡"扑哧"笑了。他在心里惊叹:王奶奶果然名不虚传,她那活力要是能分一点儿给我爷爷,爷爷的日子一定会充实很多吧。

韩天骄招呼大家:"走吧,你们想吃什么?"

"哎呀,我最喜欢吃涮羊肉了。在巴黎的时候,我想死北京的铜锅涮肉了。"小兰夸张地说。

"昨天你还说你最喜欢吃的是北京烤鸭,你快想死北京烤鸭了。"韩天骄故意拆穿他。

"涮羊肉和北京烤鸭都是我'最'喜欢吃的,然后我还喜欢吃大肉龙、蜜三刀和韭菜盒子,想起来都要流口水了。"小兰撇撇嘴,"虽然我家在巴黎经营着一家餐馆,里面也卖中餐,但根本比不上北京的中餐,差太远了。"

韩天骄哈哈大笑。

"是因为你爸妈厨艺不好吗?"李卓凡问。

小兰撇撇嘴,耸耸肩:"各种原因。我姥姥说,美食是一种文化,一个地方的美食是与这个地方的气候、食材、水、调料、烹饪方法紧密相关的。脱离了这个地方,就像大树被连根拔起,移植到其他地方,怎么可能好吃呢?到国外的中餐馆吃饭的人,根本不可能真正得到胃的满足,他们吃的只是一种乡愁罢了。"

李卓凡想:王奶奶真了不起,说话跟个哲学家一样。

韩天骄拍拍小兰的肩膀:"为了让你的胃得到真正的满足,咱们就去吃嬉水乐园附近那家老北京涮羊肉吧。天气这么热,坐在凉爽的空调房里,吃热乎乎的涮肉,再来几瓶冰镇汽水,别提多带劲了!"

"啊呀呀,那儿的羊肉都是正宗的草原羔羊肉。切肉师傅把羊肉切得极薄,在铜锅里涮上几秒,又鲜又嫩,入口即化。再来上几颗糖蒜,甜丝丝、脆生生,别提多美味了!在巴黎根本吃不到这样的涮羊肉,只有回到北京才能过瘾解馋。快走快走,晚了就要等位儿了。"小兰越说越饿,快步走在最前面。

李卓凡和韩天骄小跑跟上他。

李卓凡心里闪过一个念头:等有机会我也要带爷爷来这里吃涮羊肉,他应该也会喜欢吧。

第五章
迷 路

李卓凡、韩天骄和小兰三个人去嬉水乐园附近的老北京涮羊肉馆大吃了一顿，然后又看了一场电影。从电影院回到家，暮色已经降临，房间里黑乎乎的。李卓凡打开灯，发现家里空荡荡的，爸爸妈妈还没有回来，爷爷也不在家。

李卓凡没有多想，打开电视，边看动画片，边等着爸爸妈妈和爷爷回来。看了一会儿电视，爷爷还是没有回来，李卓凡猜想爷爷或许是觉得待在家里不自在，想在外面多消磨一点儿时间吧。

爷爷来家里已经有一段时间了，但李卓凡还是觉得他很陌生。李卓凡长这么大都没见过爷爷几次，对他而言，爷爷只是一个模糊的符号，血缘虽然亲近，情感却很生疏。李卓凡从小没有奶奶，这些年爷爷一直在外打工，前段时间他从脚手架上摔下来,差点儿摔断了腿。爸爸急得勒令他退休,又让他搬来北京同住,爷爷这才开始出现在李卓凡的生活里。

爷爷的到来,就像在平静的水面上投了一颗小石子儿,激起了不大不小的波澜,而李卓凡就处在漩涡的中心。

爷爷到来后,由于狭小紧凑的两居室辟不出第三间卧室,爸妈只好把李卓凡房间里的单人床变成了上下铺。李卓凡一下子和爷爷成了同居一室的最亲密的人。原本爷爷一定要睡上面,他说孩子还小,爬上爬下不安全。但就在他刚铺好上铺的被褥准备下来时,却一脚踩空,顺着倾斜的梯子滑了下来。于是爸爸不顾爷爷的反对,坚持让李卓凡睡到了上铺。房间里突然多了一个人,李卓凡很不适应。他晚上醒来,经常不知道自己在哪儿;半夜下床喝水,还要反复提醒自己是在上铺,才不会下意识地从床上往下蹿。

爷爷又高又瘦,身板笔直,活像一根扁担。因为长期在外打工,风吹日晒,他的脸黑黑的,脸上的皱纹像是一刀刀刻上去的。爷爷搬来后,总是显得格格不入。家里的空气炸锅、网络电视、全自动洗衣机,他都不会用;他去楼下散步,经常忘记带门禁卡;他从超市里买了一盒冰激凌,却因分不清冷藏和冷冻,生生让一盒冰激凌化成了奶……爷爷眼中时常流露出的惶恐、慌张和愧疚,让李卓凡觉得他不像一个爷爷,更像一个做错事害怕被人批评的小孩儿,弱小又无助。只要家里有人,爷爷就像只受惊的小鸟,又像只笨拙的大熊,战战兢兢,生怕出错。所以,他经常以散步为由,在外面乱逛。

爷爷操着一口浓重的山东乡音,由于鼻音重,发声位置靠后,听上去瓮声瓮气的。如果没有爸爸的翻译,李卓凡都很难听懂。可能也是因为这样,爷爷的话越来越少,甚至一整天都沉默不语。可感到别扭的何止爷爷一个人,李卓凡也是呀。幸好营造四合院的活动解救了他,幸好有韩天骄和小兰把他从家里拽出来,否则整个暑假他都要和爷爷四目相对,多难熬呀!

门外响起一串钥匙扭动门锁的声音,门开了,爸爸回来了。

爸爸边在门厅换拖鞋,边四下扫视,问李卓凡:"爷爷呢?"

动画片正演到精彩的地方,李卓凡眼睛盯着电视屏幕,说:"爷爷没在家。"

"爷爷没在家?他去哪儿了?"爸爸已经换好拖鞋走过来,探着身子往李卓凡和爷爷住的卧室看。

"爷爷跟你说他去哪儿了吗?是不是在楼下散步呢?还是

去小区外面的街心公园了？"爸爸抛出一连串的问题。

李卓凡摇摇头："我今天一直跟韩天骄和小兰在一起，回到家的时候爷爷就不在。"

爸爸想起来，这阵子李卓凡整天跟小伙伴泡在一起，每天都早出晚归的，比上学还忙。他觉得从李卓凡这里问不出什么有价值的信息，便掏出手机给爷爷打电话。

电话那头是一连串急促的忙音，再拨就是智能客服冷漠的声音："您所拨打的电话暂时无法接通，请稍后再拨……"爸爸急了，拨了一遍又一遍，终于，电话那头的语音变成了"您所拨打的电话已关机……您所拨打的电话已关机……"

爸爸脸色发灰，哑着嗓子说："爷爷到底到哪儿去了？怎么联系不上？不会走丢了吧？"说着，他便急匆匆换鞋，准备出门去找。

李卓凡觉得爸爸杞人忧天，爷爷虽然刚来北京不久，处处不习惯，但也不至于走丢吧。

"臭小子，你知道什么！爷爷在这里人生地不熟，北京对他来说就像个大迷宫，现在手机也联系不上，万一走丢了就真出大事了。北京路上那么多车，磕到碰到怎么办？"爸爸越说越焦虑，额头上都是汗。"还愣着干什么，快出去找呀！"爸爸朝李卓凡吼道。

李卓凡赶紧从沙发上站起身。

就在这时，妈妈推门进来了，见爸爸慌成这个样子，连忙问怎么了。

听爸爸说完，妈妈不住地安慰他，帮他分析，爷爷说不定就是去附近走走，不小心回来晚了而已。她让爸爸先别慌，先去附近找找，要是找不到再去报警。

一家人都顾不上吃晚饭了，妈妈和李卓凡在家里等着，爸爸则出门去找了。他在小区里里外外找了一圈，没有看到爷爷的身影；又去物业那里查监控，查了好久，果然在单元楼电梯的监控里发现了爷爷的身影。下午两点，爷爷穿得整整齐齐的，戴着一顶遮阳帽，手里拿着手机和一张纸条下了楼。而且爷爷还不住地看纸条，上面应该写了什么重要的信息。在小区大门口的监控里，爸爸又看到下午两点十分，爷爷走出了小区，朝小区门口的公交站方向走去。这样就可以断定，爷爷肯定出小区了，而且看他的样子绝不是去附近遛弯儿那么简单。

快八点了，爷爷还没回来。妈妈也慌了，一次次拨打爷爷的电话，都是冷冰冰的"您所拨打的电话已关机"。

妈妈一慌，李卓凡也慌了，心"嗵嗵"直跳。

爸爸火急火燎地跑上楼，满头大汗地对妈妈说："爸还没回来吧？我在附近又找了一圈，还是没有。肯定出事了！报警吧！"

李卓凡的胸膛像打鼓一样，"咚咚咚咚"，心都要从嗓子眼儿蹦出来了。

妈妈在慌乱之余还保持着理智："行，你和'小桌子'去派出所报警，我在家留守。你们那边有了什么消息，立刻打电话通知我。爸要是回来了，我打电话通知你们。"

李卓凡赶快换好凉鞋，跟着爸爸出门了。爸爸走得太快，李卓凡要小跑着才能跟上他。

他们气喘吁吁地来到派出所，值班的是一位年轻的民警，他正埋头"呼噜呼噜"吃着方便面。

爸爸急促地说："警察同志，我要报案，有人失踪了！"

年轻民警立刻把热腾腾的方便面推到一边，动动鼠标，噼里啪啦地敲起面前的电脑键盘，同时熟练地问："失踪者的姓名、性别、年龄、失踪时间？"

爸爸的声音有些颤抖："失踪者是我父亲，今年六十二岁，身材瘦高，穿着短袖 T 恤、黑色长裤，戴了一顶遮阳帽。今天下午两点十分他拿着一张纸条走出了小区，到现在也没回来，手机怎么都打不通……"

民警看向爸爸,打断了他的话:"这位同志,您父亲是今天下午两点十分不见的?"

爸爸擦擦额头上的汗,慌慌张张地说:"是呀,今天我和我爱人一大早就去上班了,儿子也早早出去跟朋友玩了。父亲没跟我们说他要出去,结果我们下班回来后发现他不在家,在附近找了好几圈也没找到,打电话也联系不上……"

李卓凡连忙点头,意思是他可以替爸爸做证。

民警又一次打断了爸爸:"您先别急,人口失踪二十四小时以后才能立案,您父亲的情况不符合立案标准。建议您先回家等等,也在附近再找找。"

爸爸急得眼睛通红,几乎用哀求的口吻说:"可是警察同志,我的父亲刚从农村老家来,在北京人生地不熟,要是二十四小时之后再来报案,就真的晚了!"

民警让爸爸冷静一下,随后问道:"那您父亲有完全民事行为能力吗?"

爸爸蒙了,下意识地看了李卓凡一眼,又看着民警:"警察同志,您的意思是……"

民警笑了:"就是说,您的父亲是否意识清醒、行动自主?

有没有阿尔茨海默症、健忘症这类疾病？"

爸爸摇摇头："没有。我父亲除了对北京不熟悉，其他都没问题。"

民警耐心地劝慰爸爸："这种情况，我还是建议您先回家。以我们的经验，失智老人走失比较多见，您父亲不属于这种情况。六十二岁的老人也还不算太老，发生意外的可能性比较小。您还是先回去吧，再去老人有可能会去的地方找找。"

爸爸眼神涣散，沮丧地叹了口气，像个无助的小孩儿一样絮叨着："可是我父亲对北京哪儿都不熟，一个人都不认识……"

李卓凡拽着爸爸的胳膊往外走，警察叔叔已经说得很清楚了，如果爸爸再纠缠下去，估计警察叔叔都要报警了。

就在这时，爸爸的手机响了，是妈妈打来的。她在电话里说，爷爷回来了。

爸爸激动得一手紧攥着手机，一手抓起李卓凡就往回跑。

李卓凡几乎是被爸爸一路拖回家的。爸爸的力气太大了，都要把李卓凡的胳膊拽断了。一路上李卓凡想着家中会是什么天崩地裂、火山爆发的场景，没想到一进门家里静悄悄的，爷爷一个人呆呆地坐在沙发上，妈妈正在做晚饭，一缕缕饭香从厨房飘出来。李卓凡这才想起来,他和爸爸妈妈都没吃晚饭呢,自己已经饿得前胸贴后背了。

爷爷见他们回来,局促地站起身,像个闯了大祸的孩子一样,双手沿着裤缝不安地蹭着。

"你们回……回来了?"爷爷颤巍巍地说。

爸爸一见到爷爷,眼眶突然红了。他调整了一下情绪,然后轻声说:"爸,您回来了。快吃饭吧。"

妈妈已经把晚饭做好了,我们一家人围坐在饭桌旁默默地吃着饭。空气仿佛凝固了一般,李卓凡觉得家里每个人都要窒息了。

突然,爷爷说话了:"很多年前,跟我一起做工的一个朋友是北京人,住在南锣鼓巷……今天我在家闲着没事,突然想起他了,就想去找找他,没想到惹出这么大的麻烦……"

爸爸、妈妈和李卓凡都抬起头,诧异地看着爷爷。爷爷为今天的事感到不安,他们心里也不好受。可大家还是极力保持淡定,仿佛这只是件小事。

爸爸故作轻松地说:"哦?那您没先跟这位老朋友打电话约一下?"

爷爷局促地笑笑:"这么多年了,哪还有电话呀?我就当瞎猫去碰死耗子，碰上了就算，碰不上拉倒。就是碰上了，几十年不见，都成老头儿了，估计早认不出来了。"

"爸，您真厉害，竟然一个人找过去了。"妈妈赞赏的语气有些夸张，就像在夸奖一个刚刚学会走路的小朋友。

爷爷尴尬地笑笑："回来的时候，糊里糊涂的，公交车方向坐反了，越坐越远……本想给你们打电话，手机又没电了……"爷爷顿了顿，眼睛看着桌子，吞吞吐吐地说："你们不用担心我，鼻子底下长着嘴，不认识路了，我就找人打听，不会丢的……"

虽然爷爷说着让大家不要担心，但大家都开始为爷爷的晚年生活犯起了愁。

不过李卓凡想起爷爷一个人去南锣鼓巷的事，竟对他有些佩服。

南锣鼓巷是一条历史悠久的小胡同，现在是北京一个著名的旅游景点，每天游人如织。前几天李卓凡跟韩天骄、小兰去那儿玩，回来后还在家里说起过。爷爷该不会是听了他那些话后，脑海中的某些记忆被唤醒了，才想着去找老朋友的吧？对了，那次爷爷还问他去南锣鼓巷怎么走来着，他当时没当回事，就顺口说了几句。没想到爷爷有心，竟然全都记下来了，说不定那张纸条上写的就是去南锣鼓巷的路线呢。

不过，要在这偌大的城市找一个人实在太难了，更何况两个人不过几十年前一起做过工，连个电话都没有……

晚上，李卓凡躺在床上辗转难眠——为爷爷的寻人之事，也为爷爷的晚年生活……爸爸妈妈虽然把爷爷接来家里住，李卓凡虽然和爷爷睡在上下铺，但他们对爷爷其实很不了解，甚至根本没想过去了解。每个人都太忙了，心也太满了，满到没有给最亲的人留出位置。

第六章
心　事

韩天骄一直盼着爸爸从深圳回北京。但当爸爸突然回来后，他丝毫感觉不到开心，而是烦躁不安。

韩天骄的爸爸韩亮是冷不丁回到北京的，像是一次说走就走的旅行。他一回来就张罗着给奶奶补过生日，其实距奶奶六十五岁的生日已经过去好些日子了。

爸爸很隆重地带着奶奶和韩天骄来到全聚德烤鸭店，点了满满一桌子菜，还订了一个三层高、顶上有小仙女的奶油蛋糕。爸爸祝奶奶生日快乐、永远像小仙女一样年轻漂亮。

韩天骄的爸爸新奇的点子特别多，奶奶总能被他哄得眉开眼笑。对于生日，奶奶嘴上说"过去就过去了，哪有补过的道理"。可爸爸嬉皮笑脸地说："身份证、银行卡丢了都能补办，生日怎么就不能补办？这可是一年只有一次的大日子呢！"听完，奶奶笑得更开心了。这时,爸爸趁机讨好地说:"妈,下次咱们到深圳过生日去,找个粤菜米其林餐厅,龙虾、鲍鱼、烧鹅、佛跳墙都点上,好好撮一顿。"奶奶拒绝了,说深圳夏天躳热的,不爱去;粤菜也不爱吃,吃不惯。爸爸说:"别介呀,粤菜可是很精致的,国宴级别!"

韩天骄还以为爸爸是不经意间提起深圳的,没想到第二天爸爸又一次说到了那座遥远的城市。

韩天骄的爸爸在深圳做民宿生意,像候鸟一样定期从深圳回北京看望母亲和儿子。但一忙起来,他回北京的次数就变少。暑假是民宿的经营旺季,这次他回来给奶奶补过生日,电话几乎就没断过。

过完生日的第二天,爸爸上午陪奶奶逛了逛花鸟市场,下午就要回去。

出门饺子回家面,中午奶奶为爸爸做了他最爱吃的猪肉三鲜馅儿饺子。饭桌上,爸爸又七拐八拐地把话题扯到了深圳。爸爸说,深圳可好了,道路两侧长满了高大的棕榈树,城市里一年四季都开着鲜花,而且一出门就是大海,看着无边无际的海,心情舒畅。深圳空气好,环境也好,特别适合老年人生活。很多老人到了深圳后,冬天腰酸腿痛的毛病全没有了,不少北方的老人还专程去那里养老呢……

爸爸拐弯抹角的,到底想说什么? 韩天骄心中飘过一朵疑云。

"这阵子我的民宿生意特别好,忙得要命。等过段时间闲下来了,把您和天天都接过去,我敢说,你们一定会喜欢那儿的,而且很快就能适应。咱再买个房子,就在深圳扎下根来了……"爸爸边说边留意着奶奶的反应。

韩天骄明白了,原来,爸爸想让他和奶奶搬到深圳去。这么大的事,为什么之前没听他说过?

韩天骄试探地问:"爸爸,你不回北京了?"

爸爸看了韩天骄一眼,没说话。

奶奶低头吃着饺子,并不看爸爸,柔声说:"我知道你的一片孝心。但是我在北京待了一辈子了,哪儿都不想去。你创业正是起步阶段,我帮不上什么忙,就别过去给你裹乱了。但既然你想天天了,那就让天天去深圳吧。我老了,身体也不好,照顾天天不周到,他待在你身边总归是好的。"

爸爸连忙说:"妈,您怎么这么说呢? 这几年我在深圳创业,您帮我照顾天天,免去了我的后顾之忧,对我帮助太大了。现在我在深圳站稳脚跟了,想把你们接过去享享福,再说让您一个人留在北京,我怎么能放心?"

奶奶笑着说:"我现在吃得好,睡得好,哪儿都好,每一天都是在享福。这些年我不都是一个人过吗?你别担心。"

爸爸说:"之前您在四合院里住,院里还有王大妈,街里街坊的也抬头不见低头见,大事小情的都方便。但现在您住在这楼房里,可跟四合院没法儿比。"

奶奶仍在坚持:"没事,我虽然老胳膊老腿儿了,但还能动,会照顾好自己的。你安心忙你的吧。"

爸爸见劝不动奶奶,叹了口气说:"好吧,只能先这样了。我已经在为天天联系学校了,顺利的话,九月份开学就能转过去……"

韩天骄明白了,爸爸短期内不打算回北京了,他决定在深圳长期发展。而且,他和奶奶在这不经意的谈话中就决定了韩天骄、也决定了一家人的未来。明白了这一点后,韩天骄突然有些生气,还夹杂着无奈、失望和郁闷,心里乱成一团,最终也说不清是什么感觉。

哪个孩子不向往远方呢?爸爸把深圳说得那么好,让韩天骄对那个遥远又美丽的城市充满期待。而且,爸爸离开家这么久,韩天骄很想他,非常非常想。最关键的是,爸爸的事业成功了,韩天骄愿意去分享他的快乐。但是他又舍不下奶奶。奶奶坚决不离开北京,如果他抛下奶奶去深圳,跟一个可耻的叛徒有什么两样?!

奶奶看穿了韩天骄的心思,笑着摸摸他的头:"天天,这件事你爸爸和我商量很久了,但因为一直没定下来,所以没跟你说。不管我去不去,你去深圳都是一件好事。你爸爸说,深圳的教育质量很好,师资力量雄厚,学校美得像花园一样,在那里读书,对你有好处。而且最重要的是,你能跟你爸爸团聚了,这不是你一直盼望的事吗?"

奶奶的话让韩天骄更愧疚了,不由得低下了头。

自从三年前妈妈生病,永远地离开后,爸爸在家里待的时间越来越少,他总是在外奔波——开网络公司,经营旅行社,代理服装品牌,投资有机农场……但失去生命中的"女神"的庇佑,他在生意场上屡屡失败。两年前,爸爸听说深圳的民宿生意很红火,就去了深圳打拼。两年中,韩天骄见他的次数一只手都能数过来。不过,再不幸的倒霉蛋儿也有鸿运当头的时刻,这次爸爸时来运转,民宿生意红红火火,他的人生终于重上轨道。

这次爸爸回来,韩天骄分明觉得他变了。他眼睛里不再充满那种令人心碎的悲伤与迷茫，取而代之的是刚毅与自信。他穿着整齐的白衬衫、黑西裤、黑皮鞋，手里拿着一个公文包，头发梳得整整齐齐的，十足的商务精英范儿。爸爸现在状态很好，他希望儿子去深圳，那就满足他吧。有个成功又帅气的老爸在身边，终究是一件值得骄傲的事。

爸爸走后，奶奶就开始张罗韩天骄的行李，把他的衣服、帽子、鞋、玩具、书本装了好几个行李箱。

这阵子，行李箱已经开开关关不知多少次了。每次奶奶把行李箱关好后，又会突然想起漏掉的东西，便再把行李箱打开，把更多的东西塞进去。这样反反复复，直到把行李箱塞得满当当的，连一根头发丝都装不进去。这时，奶奶便会变魔术般地拿出一个新的行李箱，像小鸟衔泥筑巢一般，再一点点把它填满。

那天晚上，奶奶把从商店给韩天骄新买的床单、被套、睡衣、拖鞋装到行李箱里，突然又想起忘了给他买袜子。奶奶自嘲着："瞧我这记性！古诗说'洛阳城里见秋风，欲作家书意万重。复恐匆匆说不尽，行人临发又开封'。远行就是这样，即使把所有东西都带走，还是会觉得缺这少那，永远没个完。"她又坚定地说："好啦，就这样了，这次行李箱锁好后，再也不打开了。缺什么东西让你爸爸在深圳给你买去！"

奶奶退休前是落花胡同小学的语文老师，腹有诗书，文采出众，什么时候都是温温柔柔、斯斯文文的。

韩天骄还是忍不住问奶奶："奶奶，您到底为什么不愿意跟我一起去深圳呀？"

奶奶笑着说："我在北京待了一辈子了，就像一棵大树，根已经深深地扎在这里了，扎得又深又广，哪儿都不想去，哪儿也去不了了。"

韩天骄不信。

奶奶拍拍他的头，说："我不走。咱们的根在这里，我替你们守着。'羁鸟恋旧林，池鱼思故渊'，人不管走多远，都离不开自己的根。你们什么时候想回来了，我在呢，你们回来就行了。"

"可是我走后，家里就只有您一个人了。"

"你不用担心，我不觉得孤单。我已经报了老年大学的课程，写写书法呀，画画国画呀，时间很快就过去了。有意思的事情太多了，我就怕自己时间不够用呢。"奶奶笑呵呵地说。

奶奶是很温和的人，但她一旦打定了主意，任谁都改变不了。

虽说韩天骄愿意去深圳，但他真的舍不得奶奶，又痛恨自己的"背叛"。而且一想到要与老师、同学分别，他又觉得很难过，于是整个人变得心事重重。

那天小兰和王奶奶来家里看望奶奶，两位老人久未相见，聊得火热。王奶奶热热闹闹地给奶奶讲述她和队友们参加东城区广场舞复赛的场景。跳藏族舞《北京的金山上》时，姐妹们穿着艳丽的藏族服饰，手里捧着洁白的哈达，一出场便获得了热烈的掌声。一点儿悬念都没有，落花胡同社区队顺利进入决赛了。这段时间大家正商量决赛节目呢，到底是跳古典舞、民族舞、芭蕾舞，还是街舞，大家意见不一。

奶奶笑了："嗨，真专业！"

王奶奶很骄傲："那可不！我们舞蹈队平时以娱乐、健身为主，但这次是正式的全区广场舞比赛，既然已经闯进决赛，就不能随便玩玩了，要赛出风格，赛出水平。我们从艺术团请了专业的舞蹈老师来指导，一周练四次呢。"她越说越兴奋："决赛电视上会播，绝对不能糊弄，一定要把看家本事使出来才行，不能给咱落花胡同社区丢脸哪！"

"那可不！"奶奶应和着。

王奶奶身材微胖，皮肤又白，看上去珠圆玉润的，很富态。她的短发总是烫得利落，搭配的珍珠耳环、珍珠项链也精致得体。跟奶奶素雅低调、以暗色系为主的穿衣风格不同，王奶奶喜欢大红大绿的颜色，时髦张扬，也让她看起来更有精气神。王奶奶退休前是一家工厂的妇联主任兼文艺骨干，能力强、人缘儿好，走到哪儿都能一呼百应。大家都坚信，以她的能力、热情和精神头儿，只要她想做的事，就没有做不成的。

　　王奶奶激情澎湃地讲完比赛的事后，突然叹了口气，说："哎，刘老师，这次老姐妹们一起回来跳舞，我真高兴呀。胡同腾退后，大家搬向各处，虽说是在同一个城市，但想重新聚在一起还真是不容易。幸亏有这次广场舞大赛，终于让大家重新聚到了一起。"说着说着，王奶奶眼圈红了："一眨眼，咱老姐俩也好久没见了吧……"

　　"是呀，好久没见了，得有好几个月了。"奶奶轻叹一口气，"我也老想起从前咱们在落花胡同里住着，老街坊们处得跟一家人似的，谁家有事了，邻居们就一起照应着，比亲人还亲。哪像住在高楼里，门一关，谁都不认识谁。没住过胡同的人，不懂咱们对胡同的感情。可惜呀，再也回不去了……"

　　王奶奶跟着一起叹息道："刘老师，咱们在那个小院里住了有四十多年了吧？咱俩年纪相仿,性格相投,处得跟亲姐妹似的……"

奶奶说:"是呀,那会儿咱们多年轻呀,都是刚成家没多久。天天他爸和小兰他妈就在那个院子里出生、长大……时间过得真快呀,四十多年的光景,仿佛就是一眨眼的工夫……"

记忆的闸门打开了,四十多年的往事奔涌而出。说到动情处,奶奶眼睛里满是伤感:"孩子们长大了,都拍拍翅膀飞走了,老伴儿们也走了,就剩咱俩了……"

韩天骄听得更愧疚了,奶奶其实很舍不得他去深圳,他离开后,奶奶一定会感到孤单的。

为了不让这种伤感的情绪蔓延,王奶奶立刻豪气地说:"咳,刘老师,凡事要想开些,有什么呀! 常言道,儿孙自有儿孙福。咱们老年人也要有自己的生活,不能把自己的一辈子拴在孩子身上。小兰他妈当初跟外国人结婚,要去法国定居,我就对她说,'燕子,你爱去哪儿定居就去哪儿定居,但我的根在北京,我是绝对不会跟你走的。你要是想我这个妈了,就回北京来看看我,我是绝对不会漂洋过海去看你的。外国,住不惯;外国饭,也吃不惯。你也别说我土,这叫习惯成自然'。把在一个地方长了几十年的树,连根拔起移到另一个地方去,那树肯定水土不服活不成。"

王奶奶的一席话,风卷残云一般,顿时扫去了奶奶脸上的阴霾,奶奶"扑哧"乐出声来。

王奶奶爽朗地说:"刘老师,这就对喽!韩亮还年轻,想折腾就让他折腾去吧,说不定能搞出个名堂来呢。年轻人嘛,就得多历练历练。"她看着韩天骄,笑着说:"天天,以后你去了深圳,你奶奶肯定会想你的,记得多给你奶奶来电话,放假多回来看看,让她放心。"

韩天骄一个劲儿地点头。一直低头看漫画书的小兰突然抬起头来,他扑闪着乌黑的大眼睛,一脸好奇地问:"天天,你要去深圳呀?"

因为这件事有点儿复杂,韩天骄原本没想告诉小兰。在韩天骄眼中,小兰单纯无邪,就像一个水晶娃娃。他对小兰的爱护,有哥哥对弟弟的宠溺,更有对水晶娃娃的珍爱。水晶娃娃是不需要懂得人类的悲欢离合的,一直保持天真就够了。更何况水晶娃娃漂亮、易碎,谁也不忍心把人世间沉重之事加在他的身上。

一瞬间,韩天骄发现自己的心底埋了许多对小兰的羡慕和嫉妒:小兰真幸运呀,父母双全、家庭美满、环境优渥、生活简单,而自己为什么要经历那么多痛苦别离……

"嗯,我要和爸爸到深圳去了。奶奶不去,她留在北京。"韩天骄尽量克制着自己的情绪,把事情说得云淡风轻。

小兰听到后,只是下意识地"哦"了一声,就又低下头继续看漫画了。

王奶奶佯装生气,对着奶奶数落小兰:"瞧瞧,瞧瞧,到底不是咱正根儿的中国人,冷血无情,连句安慰的话都不会说!"

奶奶笑着维护小兰:"他还小呢,还不懂。"

小兰抬起头,一本正经地说:"谁说我不懂?咱们中国有尊老爱幼的传统,天天去深圳,到他爸爸身边,对他的成长有好处;刘奶奶愿意留在北京,她的选择也应该得到尊重。现在这样决定很好呀。"他耸了耸肩,继续说:"以后天天也可以跟我一样,在两地之间飞来飞去了。"

今天的小兰真是让人刮目相看。没想到纯真简单的他在这个复杂的问题上竟然有着如此高妙的见解。

奶奶捏捏小兰的脸蛋儿说:"真是个小人精。"大家都笑了。

小兰如过来人一般拍拍韩天骄的肩膀:"既然离开已成定局,那就好好珍惜离开前的时光,把每一秒都当成最后一秒来过吧。"

小兰哲学家般睿智通透的话把韩天骄说得鼻头发酸,奶奶和王奶奶的眼角也湿润了。因为经历了妈妈早逝的痛苦,韩天骄一直觉得自己比小兰早熟、深刻、老成。但他现在突然发现,单纯的人反而更深刻。

韩天骄嘱咐小兰:"先别把我要去深圳的事说出去。"

小兰认真地问:"怎样定义不说出去,你不想让谁知道这件事?"

韩天骄想了想:"比如……李卓凡?"

小兰若无其事地耸耸肩,用手指比了个"OK"的手势。

韩天骄觉得自己的话可能多余了,因为小兰活得很洒脱,对与他无关的事根本不感兴趣。至于为什么不想让李卓凡知道,韩天骄也说不清楚。李卓凡是自己最好的朋友,转学这么重要的事不告诉他,似乎有些不够意思。但"李卓凡"又是一个泛指,他还不想让同学们知道这件事。

同学们都知道韩天骄没有妈妈,爸爸也不在身边,这是最让他自卑的事。他努力学习,做一个好学生,当一个好班长,就是为了抵抗这种自卑感。他马上要去找爸爸了,内心深处有一种扬眉吐气的感觉呢。实在不行就来个突然袭击好了,九月份

直接从北京的课堂上消失，挥挥手不带走一片云彩，让同学们
使劲怀念他吧——虽然无情，但也够潇洒。如果李卓凡生气
了，自己就从深圳给他写一封长长的道歉信寄回来，求得他的
原谅……

第七章
木　作

中国传统建筑的一个重要特点是多用木头作为材料,北京四合院也是如此。四合院的柱、梁、檩、椽,以及门、窗、家具等都是木制的,而西方传统建筑多是用石头作为建筑材料。

小兰对韩天骄和李卓凡窃窃私语:"在这个问题上,我最有发言权。巴黎圣母院、卢浮宫、凡尔赛宫、圣心大教堂,我都去过,都是用石头做的。巴黎老城区的整体颜色是灰白色的,就是因为老城区很多房子都是用大理石建成的……"

韩天骄用胳膊肘儿撞了小兰一下,让他不要瞎显摆。宋老师分明听到了小兰的话,他不但没生气,还笑着对小兰竖起了大拇指。

建房子都是因地制宜、就地取材。西方传统建筑的起源可以追溯到古希腊和古罗马,在它们所处的地中海一带,石头是非常常见的材料。而中国古代是农业社会，树木比较常见，所以东西方就自然而然形成了不同材料、不同风格的建筑，并千百年沿袭下来。房子不仅是人们的居所，也是精神和文化的体现。深究起来，建筑材料的差异也体现了东西方文化和哲学思想的不同。石头的坚固、不朽代表着西方文化传统中对永恒艺术的追求，而木头的温和、柔韧又何尝不是中国人对理想人格的向往？

经过宋老师讲解，孩子们恍然大悟，看似枯燥的知识一下子变得鲜活生动了。小兰又开始对韩天骄和李卓凡显摆："我的性格就集合了中西方文化的精华，又柔又刚。"韩天骄揶揄他："得了吧，我看你是又赖又皮。"李卓凡把头低下来，使劲憋住笑。

这一节课，宋老师讲的是四合院的大木作。

四合院建造时，测平定向、夯土筑基后，就要开始叠梁架屋，进行木架构的搭建，又叫大木作。大木作的顺序是：在地基上安置好柱础石，然后在柱础石上放柱子；柱子竖起来后，再在两根柱子间放梁；四合院是抬梁式建筑，在梁上加了短小的金柱，一层层把梁抬高；梁搭好后，每一层上都放檩条，檩条上再放椽子，然后再铺设望板，柱子间再由横向的枋板串联起来。至此,四合院最重要的大木作就完成了。四合院的承重是靠大木作结构实现的,而非砖石垒成的墙面,所以有"墙倒屋不塌"的说法。

过去的匠人们在营造四合院时,对房子的高低宽窄、格局结构,对梁、柱、檩、椽等材料的数量多少、长短粗细、规格大小全都要了然于心。木匠们会提前把木材加工好,在建房子的现场进行组装,就像搭积木一样。

宋老师沉浸其中,自问自答:"那房子的进深、面宽,以及柱呀,梁呀,檩呀,椽呀,它们的规格是怎么计算出来的呢? 匠人们依据的是宋代的《营造法式》、清代的《工部工程做法》等建筑书,上面标明了古建筑的模数——也就是建造标准。四合院建筑的模数是根据最外侧檐柱的直径而定的。把这个尺寸定下来,其余的构件也就能计算出来了,有公式可以用的,计算起来科学又方便。"

宋老师讲得眉飞色舞、手舞足蹈,孩子们却像听天书一般迷迷瞪瞪、晕晕乎乎。小兰左胳膊肘儿撑在桌子上,左手托着腮,他已经闭着眼睛打了好几个哈欠了。韩天骄极力对抗着睡意,让已经开始神游的大脑尽量跟上宋老师的节奏。《营造法式》这个名字真耳熟,总觉得在哪里听过似的。突然他灵光一闪,顿时觉得自己像个傻瓜,"营造社"和"营造四合院"莫不都是"营造法式"的"营造"?他小声嘟囔着。宋老师注意到了,笑着点点头。韩天骄一兴奋,睡意就全被驱散了,整个人一下子也精神了。

孩子们有的趴在桌子上,有的靠着椅背;有的歪着,有的斜着,就像一片因为缺水而无精打采、东倒西歪的麦苗。宋老师不由得笑了:"哎,我说,你们这就开始打蔫儿了?大木作可是传统建筑的核心技艺,如果连大木作都搞不懂怎么行?来,给大家看段动画演示吧。"

一听说要看动画,孩子们顿时来了兴致,倒伏的麦子又支棱起来了。

宋老师点击了投影上的视频播放键,一段动画详细地演示了四合院的大木作程序:一根根柱子立起来了,一根根梁搭起来了,然后是一根根檩木、一条条椽木、一块块枋板……轻轻松松、规整有序,一座四合院就这样建起来了,跟变魔术似的,孩子们都看傻了。

韩天骄急切地问:"宋老师,能让我们动手操作一下吗?"

"问得好。一会儿,每个人来我这里领一份大礼包,自己动手实践,感受一下木头拼接起来的感觉吧。"

孩子们叽叽喳喳地交流着，恨不得现在就能拿到大礼包。

宋老师继续往下讲："了解了房屋的大木作结构，在对房屋进行修缮、重建时就能更科学有序。我们对现在大家所在的38号院和旁边的40号院进行修缮时，就是因为掌握了它们的结构，才能'修旧如旧'。"

孩子们对于修得和过去一模一样这件事显然有些疑惑。

宋老师不服气地说："你们不信？那我先给你们讲个好玩儿的故事吧。传说当年匠人们修缮故宫西北角楼时，要把大木拆下来，对其中糟朽、开裂、虫蛀的部分进行修复、替换后，再一一搭回去。这是古建筑修缮的惯例，原有的材料要最大限度地保留利用，以保持古建筑的风貌。但匠人们发现，木材拆下来后，怎么也装不回去了，即使每根木材上都做了标记也不行。故宫角楼是天底下最精巧的建筑，九梁十八柱、二十八个翼角、七十二条脊。如果不熟悉它的大木作结构，不用说重新搭建起来，就是拆都拆不利索。"

孩子们因为过于惊讶，眼睛瞪得大大的。

宋老师故意顽皮地说："不骗你们！那些木头几百年来，一件件、一层层压着摞着，早就长到一起去了，哪有那么容易拆开！"

"哇——"孩子们低声感叹着。

宋老师继续夸张地渲染："你们不知道吧，故宫共有四个角楼，都进行过修缮。修复时按照顺时针的顺序，第一个修复的是西北角楼，然后依次是东北、东南、西南角楼。四个角楼造型结构各不相同。在古建筑界，参加故宫角楼修缮是一辈子的财富，因为只要掌握了角楼的大木作技巧，其他任何古建筑的修缮都不在话下。"他故意重重地咳嗽了两声，骄傲地说："很荣幸，我的爷爷就曾经参加过角楼的修缮。"

孩子们被镇住了，表情惊讶极了。好厉害呀，宋老师原来出身建筑世家呢！

韩天骄眼睛直盯着宋老师问："那后来角楼修好了吗？"

宋老师笑了："当然修好了呀。人们向了解角楼营造技艺的老匠人请教，弄懂了角楼的大木作结构，很快就搭回去了。"

孩子们都露出如释重负的表情，紧揪着的心似乎终于能放松了。

宋老师忍俊不禁："当然，并不是所有的古建筑都会落架大修。如果损坏不严重，可以只做加固或局部维修。比如 40 号院的正房因为漏雨，损坏严重，一根大梁糟朽严重，匠人们把这根坏了的大梁抽出来，更换了一根新的……"

一个孩子打断了宋老师的话："这么厉害?!"

宋老师一脸得意："是呀,这种修缮方法叫'抽梁换柱'。还有更厉害的呢,40号院前院东厢房的一根柱子的柱脚被劈裂了,匠人们用'墩接'的方式进行了修复。"

"什么叫'墩接'?"又一个孩子问。

"哈哈,就知道你们会问这个问题。'墩接'就是把木材损坏的部分去掉,重新配补上新的木料。劈裂的柱脚进行墩接后,就跟一根完整的柱子一样严丝合缝,根本看不出接合的痕迹。"宋老师故意语气夸张地逗弄孩子们。

孩子们眼睛一眨不眨地听着。好厉害呀!匠人们真是心灵手巧,仿佛是掌握了各种技法的魔术师,又像是技艺精湛的外科医生,经过他们一番鬼斧神工的操作,老房子焕发出新的生机。

"总之,古建筑修复要科学严谨,视具体情况采取最适宜的方法。比如咱们现在所处的这间大厅,一根梁头上有轻微裂缝,我们就用铁箍进行了加固,这是最简单、最实用的办法。"宋老师说。

孩子们齐刷刷地抬头看着屋顶,仰得脖子都酸了,但什么门道都看不出来。

"看不到的,加了铁箍的梁头被挡在里面了。"宋老师坏笑着。

孩子们这才快快地把头低下来。此时,他们的脸上已经写满了崇拜,对宋老师佩服得五体投地。

宋老师终于忍不住哈哈大笑起来。笑完后,他说:"你们佩服我做什么?应该佩服古建筑匠人们高超的手艺。这些方法是匠人们一代代口传心授传承下来的,都是老祖宗留给我们的财富,这里面学问大着呢。虽说我挂着古建筑专家的头衔,但我只是理论派,耍耍嘴皮子罢了,真正的专家是那些匠人。"

孩子们小声议论着:"原来,还有比宋老师更厉害的人。"

宋老师叹了口气,继续说:"可惜呀,随着匠人们逐渐老去,懂营造法式的人越来越少了。但越是这样,我们越要把这门技艺好好传承下去,避免发生人亡艺绝的悲剧,否则那将是整个中国古建筑界的损失。"

大厅里一片静寂,孩子们沉默着,他们既被古老的智慧震撼,又为它的消逝而伤感。孩子们似乎听到了毕毕剥剥的响声,不会是屋顶上的梁、椽、檩发出的声音吧?宋老师不是说木头是有生命的吗?那微小的声响就是木头精灵在轻轻地呼吸和吟唱吧?

第八章
榫　卯

李卓凡看着桌子上一块块大小不一、奇形怪状的木头，真是一个头两个大。他看着说明书摆弄了半天，还是一块都没拼上。他一阵烦躁，恨不得把那些木块全都噼里啪啦拂到地上，摔个稀巴烂。

宋老师别具创意地送给孩子们每人一个榫卯积木盲盒，要求他们自己动手拼好。他说，想了解传统木建筑的特点，一定要了解榫卯结构。

简单来说，木制构件上凸起部分叫"榫"，"卯"则指的是木制构件中凹进去的槽形，凸起的部分与凹入的部分规格一致，榫便能嵌入卯中，两块木材也就严丝合缝地拼接在一起了。靠着一对对榫卯，一根根木材被拼接起来，房子的大木架构也就搭建起来了。这样的拼接可以不用任何钉子、胶水。除了大木作,隔扇门、支摘窗、吊挂楣子等小木作也会用到榫卯结构。榫卯的类型五花八门,燕尾榫、粽角榫、长短榫、抱肩榫……宋老师说,40号院有一扇菱花窗,上面一个个精巧的图案全是一根根细小的木材靠着榫卯结构拼接而成的。匠人们在修复这扇菱花窗时,足足用了八百多组榫卯。

可这榫卯积木哪里是礼物,分明是惩罚!听宋老师讲的木作结构、榫卯原理,似乎挺容易理解的,而且李卓凡还是个拼乐高积木的高手,可实际动手操作起来怎么也不得要领。莫非是他运气差,挑中了一个难度最大的盲盒?

"这都是什么呀?"李卓凡耐着性子试了半天,还是一块木头都拼不好,气得他大喊大叫。

爸爸妈妈吃完晚饭去邻居家做客,爷爷在客厅里看电视。自从上次"走丢"事件后,爸爸妈妈每天晚上都会陪爷爷一起看电视,或者陪他下楼散步。爷爷知道他们的好意,便也不再总是自己一个人在卧室里躲起来。此刻他看李卓凡暴躁得像一头小兽,就轻轻地走过来,不言不语地站在旁边看。他看了看"大礼包"的包装盒和里面的说明书,拿起一块木头,在手里摩挲着,久久不舍得放下。

"爷爷,您知道这是什么吗?"李卓凡抬起头问。

爷爷试探着说："这是榫卯积木吧？真是高级呀，连这种东西都有积木了？"

　　"这是宋老师送我们的盲盒，让我们拼好。可是它太难了！"李卓凡沮丧地说。

　　爷爷指着说明书上的成品图案，说："这是斗拱，又叫铺作，一般用在古建筑的房檐下、柱头上和房檐的转角处，是用来连接房子的立柱和横梁的。斗拱一层层拼接好，远看上去，就像房檐下开出了花，可好看啦！"爷爷珍视地用手摆弄着一块块木头，像在把玩一件件宝物，不由得话也多了："斗拱可不只是为了好看，利用榫卯接口一层层叠在一起，发生地震时还能分散受力，起到减震作用。几块小小的木头，里面可藏着老祖宗的大智慧呢。"

　　李卓凡吃惊地听着，眼睛瞪得溜圆："宋老师也是这么讲的。爷爷，您怎么知道这些的？"

　　爷爷微微一笑，没有回答。他拿起两块木头拼了起来："我帮你弄弄啊，看看能不能拼上。"一块块木头在爷爷手中翻转拼合，然后又奇迹般地拼接在一起。要不是亲眼所见，李卓凡完全想不到爷爷粗糙的大手竟然如此灵巧！

　　盒子里剩下的木块越来越少，眨眼间，爷爷已经把榫卯积木拼好了。一根柱子的柱头上绽开了好几层"花瓣";花朵之上,是倾泻而下的宽大屋顶;屋顶的一角又俏皮地向上翘起,像一只灵动的、展翅欲飞的鸟。

爷爷平时看着不声不响的,原来却是个深藏不露的高人呀!

爷爷的笑容在脸上的沟壑间绽开,李卓凡还是第一次见他笑得这么开心。"这是柱头斗拱,还是宋代的六铺作样式,做得真好呀!"

"爷爷,您快教教我,到底是怎么拼上的?您快教教我!"李卓凡激动得直搓手,恨不得钻到柱头里,看看爷爷到底是怎么把一块块木头拼接成层层绽放的"花朵"的。

爷爷呵呵笑着,把那些木头一块块拆卸下来,又重新组装一遍:"其实并不难,弓形的木头叫'拱'。方形的木头垫在拱与拱之间,叫'斗'。斗拱是靠榫卯连在一起的,所以找准每块木头的榫头和卯眼,把榫头嵌入卯眼就行了。都是合丁合卯的,嵌进去后又结实又牢固。斗拱的花样多着呢,但只要记住,斗拱每伸出一层叫一'跳',每增高一层叫一'铺';出一跳是四铺作,出两跳是五铺作。咱们这个出了三跳,是六铺作。还有出四跳的,叫七铺作。就这么一点点变出来。懂得其中的门道,就不难了。万变不离其宗。"

爷爷说着，一个个木块又在手中翻转起来。不一会儿，他又把积木拼好了。李卓凡尽管用眼睛死死盯着，但还是什么都没看明白。

看着李卓凡急躁懊恼的样子，爷爷笑了："光看没用，你得自己动手试试才行。"说罢，他又一次飞快地把积木拆开，让李卓凡来尝试。

在爷爷的指导下，李卓凡耐着性子一点点拼下去，似乎摸到了一些门道。拱架在斗上，向外伸出，拱端之上再安斗，这样逐层纵横交错叠加，形成上大下小的托架。眼看着就要大功告成了，李卓凡却突然发现多出来一个木块没有用上。不用说，肯定是哪里漏拼了，他只得再次拆掉重新拼。李卓凡皱着眉，撇着嘴，都要哭出来了。

爷爷笑着安慰他："没关系。手还生呢，熟了就好了。"

李卓凡屏住呼吸，耐着性子，一点点重新拼。一回生，二回熟，这次终于把榫卯积木拼好了，端端正正、规规整整。他激动得大喊："哎呀，我终于拼好了！"要是再拼不好，大概他就要爆炸了。

爷爷笑了。他兴致很高，话也明显变多了："手熟了就好了,不难。据说当年故宫修角楼时,大木拆下来怎么也装不回去了。故宫角楼是天底下最精巧的建筑,九梁十八柱、二十八个翼角、七十二条脊,不好弄着呢。手熟了就好了。"

"爷爷,您怎么知道这些的?"李卓凡简直不敢相信自己的耳朵。今天的爷爷真是神了,简直就是宋老师的翻版!不对不对,爷爷比宋老师年龄大,应该是宋老师学他才对。但是宋老师是清华大学建筑系的高才生,怎么会是爷爷的翻版?哎呀,究竟谁是谁的翻版,李卓凡都糊涂了。总之,爷爷很厉害就是了!

爷爷笑着说:"听人说的。据说呀,一天晚上皇帝做了一个梦,梦见一个建筑,九梁十八柱、七十二条脊,漂亮极了。他醒来后,便命令工匠把这个建筑造出来。工匠们愁坏了,不知道怎么建。就在这时,一个卖蝈蝈儿笼子的老头儿经过,给工匠们留下一个蝈蝈儿笼子就走了。工匠们一数那蝈蝈儿笼子,正好是九梁十八柱、七十二条脊。工匠们觉得那卖蝈蝈儿笼子的老头儿一定就是鲁班祖师爷。于是,角楼就这样被建出来了。"

李卓凡看着爷爷满是皱纹的脸,突然觉得他很陌生。平日里总是像木头一样沉默的爷爷,原来肚子里装了这么多有趣的东西。

李卓凡问:"爷爷,您怎么会懂这些的?"

爷爷笑着,似乎害羞了:"都是听人说的。"

"我指的是榫卯呀,斗拱呀这些。"

爷爷不好意思地说:"爷爷是一个木匠,整天跟木头打交道,这些自然懂。"

"哦——"李卓凡拖着长音,做出一副恍然大悟的样子。其实他对木匠这个职业毫无概念,今天也是第一次知道爷爷原来是一名木匠。

爷爷继续笑着说:"现在你们这些孩子哪里还知道木匠是做什么的。过去,木匠、泥匠、篾匠、铁匠、船匠、石匠、油匠、剃头匠这八大匠里,木匠排第一位呢。盖房子、打家具、修门窗、做桌椅板凳,哪个离了木匠都不成。盖房子时又讲究'瓦木石扎土,油漆彩画糊'八大作,也就是八个步骤,木作又是很重要的一环。过去人们学手艺时,大都学木匠。学这个,什么时候都有活儿干。"

"对对对,宋老师也是这么讲的!"李卓凡发现越是聊得深入,跟爷爷的共同话题就越多。

"想当年,木匠可吃香了。我小时候家里穷,十五岁时就拜了邻村一个木匠当师父,跟着他学手艺。那时师父根本不教理论,他就是让你上手做,先学会用斧子、刨子、锛子、大锯、小锯,然后学会计算、用墨斗画线,完成木料的粗加工、细加工,再然后就是学做更精细的门窗、家具。跟着师父一起做,边做边学,做多了,就学出来了。"爷爷说。

"爷爷,那您都会做什么?"李卓凡更好奇了。

爷爷笑呵呵地说:"爷爷做了一辈子木匠,走南闯北的,盖房子、打家具、修门窗,什么都做过。现在农村用木头盖房子的越来越少了,都是铺好钢筋再用水泥浇筑;家具也是组合板的,在工厂用机器把一块块板子做好,运回去直接安装,用打孔机打孔后上螺丝固定。榫卯都没人用了,木匠手艺越来越没有用处了。后来一个偶然的机会,我干起了古建……"爷爷突然停住了,思绪仿佛飘到了很远的地方。

"爷爷,您都去哪里打过工?"李卓凡完全没有看出爷爷的异常,继续刨根问底。

爷爷一愣,终于回过神来,笑笑说:"哪里有活儿就去哪里,干完了这里的活儿,就去另一个地方接着干。有时一走就是大半年,巴不得活儿越多越好。手艺人就是这样,手停口就停。要想吃上饭,就得手上不停地干。就是苦了你爸爸了。你奶奶去世得早,我又四处打工,你爸爸早早就到寄宿学校读

眨眼间，爷爷已经把榫卯积木拼好了。一根柱子的柱头上绽开了好几层"花瓣"；花朵之上，是倾泻而下的宽大屋顶；屋顶的一角又俏皮地向上翘起，像一只灵动的、展翅欲飞的鸟。

书,什么都要靠自己。记得有一次,我一下子走了将近一年,回来后,你爸爸长高了一大截,都成大小伙子了,我差点儿没认出他来。我就是靠着四处干木匠活儿,供你爸爸读书,上了大学……"

李卓凡突然鼻子一酸,这些事他之前从来没听爸爸说起过。原来,爸爸才是那个更"沉默"的人。

爷爷缓缓地说着,思绪飞到了很久以前,飞到了很远的地方。他突然想起一个熟悉的地名,很多很多年前,他曾经在那里打过工。就在他马上要脱口而出时,那个地名还是被他咽了回去。一段不算光彩的经历,在孩子面前不提也罢。

他扯开话题说:"我发现咱们的高低床有点儿毛病,只要你一爬上去就吱扭吱扭响,看样子是接口松了,揳进去几个木楔就好了。就是咱现在手头没有称手的工具,要不这就是手到擒来的事。早知道我就把老家的工具带来了。家里的餐椅好像也有点儿松了,找时间一起好好修修,要不会有人摔跟头的。"

李卓凡想起一件好玩儿的事,咯咯笑起来。家里的餐椅确实不结实了,老是嘎吱嘎吱响,跟摇篮似的。有一次爸爸坐上去,餐椅的一条腿直接掉下来,爸爸一下子摔了个屁股蹲儿。后来爸爸拿着那条椅子腿,用锤子又钉又砸又敲又打,终于把它重新装回椅子上，又用铁丝牢牢缠住，生生缠成了"重伤员"。但没过多久，椅子又开始嘎吱响了。好在家里只有三口人，那把瘸腿餐椅从此就被打入冷宫了。爷爷到来后，那把餐椅又被拿出来用，可大家已经把它的毛病给忘了。不过爷爷却知道得清清楚楚。别看爷爷话少，他的心可细了，什么都被他看在眼里。

而且李卓凡发现，爷爷并非沉默寡言的人，他之所以话少，是因为没有人主动找他聊天儿，同时他也担心自己聊的话题别人没兴趣。其实爷爷挺喜欢聊天儿的，而且是一个聊天儿高手。他肚子里有很多有意思的故事，只要你挑起一个话头，他便能顺着接下去，几天几夜都说不完。

爸爸妈妈回来了。爸爸看到聊得热火朝天的祖孙俩，有些吃惊："你们聊什么呢，这么高兴？"

李卓凡拿着拼好的榫卯积木向爸爸炫耀着："爸爸，你看，爷爷指导我拼好的。爷爷特别厉害，这些他都懂！"

爸爸接过去端详一番后，敷衍地称赞了一声"拼得不错"。他的心思明显不在这些木块上。他在爷爷身边坐下来，用商量的语气说："爸，今天我们去邻居家串门，这家的老爷子也是从农村老家来的，一开始也不习惯，后来跟公园里的几个老头儿成了朋友，一群人天天在一起，拉拉二胡，唱唱老歌，心情好得很。要是您愿意的话，也去跟他们一起拉琴唱歌吧。不会也没关系，可以学嘛。"

"我不喜欢唱歌跳舞那些玩意儿。"爷爷直截了当地说。说完，他又为生硬地拒绝了爸爸的好意而感到不妥，连忙找补："你们不用担心我，我没事。在农村，我这个年纪的人，很多都还在打工呢。我来了这么久，一直歇着，跟着你们享福了。我知足得很。"

爸爸不说话了。

爷爷沉默片刻，又说："家里的高低床和餐椅都有些松动了，再不修有人要挨摔了。我想找时间把家里的家具都给你们拾掇拾掇，要不坏起来很快的。"他不想让爸爸妈妈以为他是在批评他们，又赶紧找补："你们平时工作忙，顾不上这些。现在我不是来了吗，我就是干这个的，只要有工具，就是顺手的事。"

爸爸说："行。改天我去给您买一套正规的木匠工具，锤子、斧子、刨子、凿子、墨盒这些都买上。"

爷爷试探地问："不知大城市里，这些工具好不好买？"

爸爸说："放心吧，我一定给您买回来。"

爷爷说:"那就好。"他沉默许久,又说:"那个,我在小区里转悠的时候,看到好多人家扔在垃圾站的桌椅板凳,其实它们修修都能用。要是城里人讲究,想换新的,咱说不了什么;可要是因为大城市缺木匠,家具坏了就直接扔掉,挺可惜的。改天你在小区里宣扬宣扬,谁家的家具坏了,可以找我,我免费给大家修。我闲着也是闲着。"

爸爸说:"行。改天我好好给您宣扬宣扬。"

爷爷开心地笑了,随即又有些担忧:"我做这个合适吗? 不会给你们找麻烦吧? "

爸爸连忙说:"不会的。自己家里,自由得很,您想干什么就干什么。"

爷爷终于放心了,长舒了一口气。

爸爸突然揉着眼睛起身走了。他知道,要是再不起身遮掩一下,就会被爷孙俩发现他流泪了。

深夜,爸爸一个人坐在客厅的沙发上,在昏暗的落地灯下,久久把玩着李卓凡的榫卯积木。李卓凡为它感到很得意,把它放在了展示柜最显眼的地方,恨不得让所有人一眼就能看到。爸爸把玩着,心中像刀扎一样,眼睛又酸又涩。他那辛苦了一辈子的老父亲,刚来到北京,处处不适应,他老人家和这个城市就像尺寸不合的榫与卯,怎么都咬合不到一块儿去。老人把所有的苦都默默地咽了下去,拼尽全力适应着这里的新生活,虽然这一切对他来说很困难。

爸爸长长地叹了一口气,真是难为老人了。但他知道,以爷爷走南闯北的适应力,总有一天,榫与卯能严丝合缝地拼接到一起。

第九章
秘　密

周围一片静谧,整个世界在黑暗中沉沉地睡着。李卓凡突然醒了,一瞬间,他觉得天旋地转,仿佛自己刚从遥远的宇宙深处穿越而来。过了几秒,那种不知身在何处的不适感才消失。李卓凡定了定神,觉得有些口渴,便想下床去找水喝。

淡淡的月光透过窗帘照进来,水杯就放在床边的书桌上。李卓凡刚要摸过去,房间的灯一下子亮了。

"小桌子,你醒了?"是爷爷在说话,声音很轻,生怕吓着他。

李卓凡揉揉眼睛:"我渴了,想喝点水。"

爷爷把水杯递给李卓凡。

李卓凡迷迷糊糊地接过水杯,仰着脖子"咕咚咕咚"喝了大半杯水,然后抹抹嘴,把水杯放回了书桌上。他转身踉跄地走回到高低床的梯子旁。

爷爷扶着他，嘱咐着："小心，小心。"看着他上去，爷爷叹了口气，说："咱们还是换过来吧，我睡上铺，你睡下铺。爷爷一辈子登梯爬高，习惯了。"

李卓凡说："我没事的，爷爷。"

爷爷看着李卓凡躺好，帮他盖好凉被，这才说："小桌子，我关灯了。"

"嗯。"李卓凡说。

房间里瞬间又涌入一团浓重得化不开的黑暗。不一会儿，爷爷便听到上铺传来均匀又低沉的呼吸声。不愧是小孩子，上一秒还醒着，下一秒就睡着了。

爷爷闭上眼睛，想赶快入睡，可是一点儿睡意都没有。他就在黑暗中静静地躺着，感受着时间的流逝。

再过几个小时，天就亮了……

又是一个辗转难眠的夜晚。自从来到北京，这位老人几乎没有睡过一个好觉。

真是奇怪了，之前打工时，就在工地的平地上铺一层稻草、一床被褥都能睡得很香，现在的床又暖又舒服反倒睡不着了。真是应了那句老话：没有受不了的罪，只有享不了的福。

　　刚才，他听到小孙子摸黑儿下床的声音，他不敢出声，怕吓着孩子，再摔下来。他担心孩子是在梦游，梦游的人是没有意识的，最怕受惊吓。很多年前，跟他一起做工的一个小伙子就有梦游症，睡着睡着就突然起身，直愣愣地朝前走。那时是夏天，工棚里很闷热，大家就睡在房顶上。那人一梦游，眼瞅着就要走到房顶边缘了。这时刚好有人醒了，便要大喊，还好被一个有经验的人拦住。对梦游的人可不兴乱喊，会吓着他，一抬腿就从房顶上掉下去了。爷爷胆子大，轻手轻脚地爬过去，一把抱住小伙子，把他从房檐边拖了回来。小伙子愣愣地走到铺盖边，倒头便又呼呼大睡。第二天早上醒来，大家问他昨晚的事，他什么都不记得了。

　　说起来，那都是三十年前的事了。现在他老了，那个小伙子也变成"老"伙子了。时间过得真快呀，眨眼间，一辈子就快过去了。

　　十八岁时，爷爷从老家的木匠师父那里出师，到处做木工活儿，打家具、修抽屉、盖房子、做桌椅板凳。他是跟着一个工程队在南方建园林时，遇到的那个梦游小伙子。小伙子是山西人，姓张，大家都叫他"小老西儿"。小张人实在，活儿也干得实在，还勤奋上进。小张有一手砖雕手艺，没事就抱着一块砖刻来刻去，工友们都笑话他。但爷爷喜欢这小伙子，跟他聊得来。三十多年不联系了，爷爷听说小张发达了。

记忆中的画面不停闪过。四十年前，他曾在北京做过一段时间木工。虽然时间不长，可他对翁师傅、宋大哥，还有其他工友的印象非常深刻。而且最近老是想起他们，或许是重回北京的缘故吧。

在他眼前的，是他们四十年前的样子，真真切切，仿佛一伸手就能摸到。但要真伸手去摸的时候，他们就变成了水中的月亮，晃着晃着就破碎了、消失了。水纹颤呀颤的，他的心也跟着颤起来……

四十年前，他在天津武清做活儿，一个偶然的机会，听说故宫古建部工程队在招木匠，一起做活儿的人就撺掇他去试试。就这样，爷爷懵懵懂懂地到了北京，没想到还一下子被选上了。那时他只知道故宫是过去皇上住的地方，也不清楚在故宫古建队做工意味着什么，就是干活儿，最基本的木匠活儿，画线、打样、接卯……

按理说这次来北京应该有种熟悉的感觉，可他使劲回想，怎么也无法把眼前的北京跟记忆中的那座城市对应起来。四十年了，北京变化太大了，俨然已成了一座现代化的大都市，况且那次来北京的时间实在太短……

其实这些年他一直关注着故宫古建部工程队的消息，但都是从电视上看来的。当年的宋大哥现在是国内鼎鼎大名的古建筑专家，主持了故宫角楼的修缮工作。宋大哥说："故宫角楼是天底下最精巧的建筑，九梁十八柱、二十八个翼角、七十二条脊，木匠都以参加过角楼的修缮工作为荣。"如果一直留在故宫，他也是有机会参加角楼修缮工作的……曾经，翁师傅和宋大哥都说过"故宫营造技艺博大精深，匠人学艺最怕的就是浅尝辄止、半途而废……"，可他还是成了浅尝辄止、半途而废的人……

他在心中挖了个深坑，早已把那段经历深埋下去，又在上面覆了厚厚的砖石和泥土，对谁都不再提起，连已经过世的妻子和唯一的儿子都不知道。这些年他尽力不让自己去触碰心中那片禁地，但到了这个岁数，什么都想开了，不会再和遗憾较劲了。

那年，在故宫古建队里，他认识了翁师傅和宋大哥。翁师傅祖上就是给皇帝修宫殿的，除了是个好木匠，还是个好砖瓦匠，故宫里的手艺就没有他不会的。宋大哥也是个厉害角色，他可是清华大学建筑系毕业的高才生。翁师傅偶尔会给他们讲讲课,但平时主要还是宋大哥讲。宋大哥讲《营造法式》、榫卯、斗拱、测绘、画图,他听得那叫一个入迷,比谁学得都快。宋大哥很喜欢他,送给他一本《营造法式》,说是老祖宗建房子的秘密都在里面,让他好好学。他识字不多,就认真钻研里面的图,把书都翻烂了。那一批新招的年轻木匠中,翁师傅和宋大哥最看好他,对他寄予厚望,掏心掏肺地教他,一点儿不藏私。可惜造化弄人,他的父亲生了重病,他要回老家照顾。可谁知这么一走,他再也没回来,命运也被彻底改变了。

他的父亲看病花了很多钱,但最终还是去世了,留下柔弱的母亲和几个年幼的弟弟妹妹。作为长子,他要支撑起全家的生活。他在故宫古建队是临时工,挣钱太少了,养活不了全家,而那时木匠是十里八乡最吃香的,只要肯吃苦,不愁挣不到钱。他动摇了,没有回北京,也跟古建队断了联系。

走街串巷找活儿、零敲碎打做工的乡村木匠,他一干就是几十年。七八年前,一次偶然的机会,他干活儿的镇上有一个古戏台要修,镇上的人就问他能不能修。古戏台是木架构,柱脚糟朽了,柱子上开了裂,整个戏台都歪斜了,再不修就要塌了。他的木匠手艺没的说,再加上在故宫古建队学的那点本领,他竟然很快就把那个古戏台修好了。误打误撞,他就干起了古建筑修复。古戏台、文庙、关帝庙、祠堂,他都修过;仿古的房子、亭子、花园、寺庙也建过。这样也好,木匠活儿都机械化了,需要的人越来越少,古建筑修复反而红火了,他就什么都干,木匠活儿也干,古建筑修复也干。他心灵手巧,又肯吃苦、爱琢磨,把几十年前宋大哥送他的那本《营造法式》找出来,没事就对着书琢磨,在当地成了小有名气的古建筑修复师。但他知道,他这点三脚猫的功夫是野路子,跟修复故宫的手艺人比差得太远太远了……

他在乡下长大,对北京的认知就是故宫。可到了故宫古建队后,一直在神武门附近的古建队小院子里埋头干活儿,根本不知道故宫是什么样的。有一次,宋大哥带着大家登上了午门的燕翅楼,整个故宫尽收眼底。俯瞰一眼,他的心怦怦乱跳,成片的宫殿连在一起,眼前金灿灿的。只是那一眼,他便从此把那一片金黄记在了心里。至今,他都能清晰地回想起那天的景象——辉煌、闪耀、明亮……

托了儿子的福,老了老了,他竟然又来到北京了。儿子考上大学,在这座城市扎下根,是他这辈子最大的骄傲。

前几天,他又在电视上看到宋大哥了,他在讲故宫的古建筑。虽然这么多年没见,宋大哥也老了,可他还是一眼就认出他了,心扑通扑通直跳。他深埋心中的那段往事也不可抑制地往外冒,惹得他心慌。宋大哥是北京人,家住在南锣鼓巷。前两天他在家实在憋得慌,脑袋一热就去找宋大哥了。可北京太大了,这么多年变化也太大了,人没找到不说,还差点儿把自己给弄丢了……

他心中突然生出要去一趟故宫的念头,想到这儿心又开始怦怦跳。倏忽间,他仿佛又站在午门燕翅楼上俯瞰故宫,那一大片金灿灿的屋顶就在他眼前晃呀晃,晃得他眼都花了。

窗外面的夜色似乎在一点点褪去,过不了多久,天就要亮了。

第十章
吵　架

这两天,北京简直潮湿得像南方一样,天空就像一块吸饱了水的海绵,似乎随时都能落下一场大雨。果然,一大早,雨就噼里啪啦地下起来,看这势头,一时半会儿停不了。

小兰喜欢下雨天,哪儿都不用去,姥姥也不催他起床。他睡着懒觉,半梦半醒间听到姥姥在房间忙里忙外的声音,内心踏实又满足。直到睡累了,他才爬起来。十一点了,姥姥已经在厨房煎炒烹炸,准备午饭了。

吃完午饭,小兰又困了,懒洋洋地躺在沙发上看着动画片。沙发前的茶几上放着香蕉、苹果、薯片、奶糖、巧克力、瓜子,他想吃哪个,伸手可及,连最会享乐的路易十四都没他舒坦。外面还在下着雨,潮湿的空气从窗外飘进来,冷飕飕的。小兰用毛巾被把自己裹得只露出两只眼,像个木乃伊。突然,他觉得动画片也不好看了，不知路易十四有没有在极度舒适中感到过无聊空虚。

姥姥被这大雨困在家中，无聊地做起了大扫除。她把窗台、灶台、书桌、茶几都用抹布擦了一遍，每个角落也都用吸尘器吸了一遍，就连沙发底下、房门后面的死角都不放过。她在客厅里走来走去，一会儿拿个东西，一会儿找个物件，一会儿擦家具，一会儿晾衣服，躺在沙发上的小兰时不时还得调整一下自己的角度，才不会被姥姥胖胖的身躯挡住视线。

小兰躺在沙发上，伸手碰到了姥姥的手机，他顺势拿过来，拨通了妈妈的电话。电话一直"嘟嘟嘟"无人接听。毫不意外，北京跟巴黎有七个小时的时差，现在巴黎正是清晨六点钟，爸妈还没起床呢。巴黎的中餐馆每天要营业到晚上十一点，打烊后爸爸妈妈还要打扫卫生，清点账目，准备第二天的食材，回到家往往已经凌晨两三点了。现在，他们才刚睡一会儿。小兰明明知道此时不太可能听到爸爸妈妈的声音，但就是莫名地想拨打他们的电话。

动画片还在播着，小兰已经睡着了。等他醒来时，墙上的挂钟时针已经指向四点，厨房里传出了姥姥切菜的声音。小兰从沙发上爬起来，来到阳台上，看到外面还在下雨。这雨真是的，下了快一天了，竟然一点儿都不累。

小兰来到厨房，姥姥正在切肉、剁馅儿。晚饭吃饺子，猪肉大葱馅儿的。忙活了这么久，姥姥依旧精神抖擞。她乐呵呵地对小兰说："猪肉全是精瘦肉，一点儿肥的都没有。把皮擀得薄薄的，放上足足的肉、多多的葱，保准香死你！"

姥姥经常说，好吃不过饺子，舒服不过躺着，今天小兰把两件事都占全了，但他心里并不舒服。他晚上不想吃饺子，就想吃法餐——法棍面包、奶酪、牛排、鹅肝，还有奶油蘑菇汤。自从回到北京后，他还没吃过法餐呢，他想念法餐了。随着念头越来越强烈，小兰不住地吞咽起口水来。

"姥姥，今天别吃饺子了，咱们吃法餐吧。"小兰说。

姥姥一边拌馅儿，一边笑呵呵地说："世界上哪有比饺子还好吃的东西。你不是最喜欢吃姥姥包的猪肉大葱馅儿饺子吗？你闻闻这馅儿，多鲜！多香！"

小兰开始耍赖："我今天不想吃饺子，就想吃牛排、鹅肝和奶油蘑菇汤。"姥姥耐心地哄他："明天姥姥给你做牛排，今儿咱们先吃饺子，馅儿都拌好了，不能浪费不是。"她指指窗外说："下雨呢，不方便出去买牛排。牛肉、猪肉都是肉，吃着都香。"

小兰突然觉得很委屈，继续耍赖："但是我今天真的不想吃饺子。要不烤牛角面包吧,我好久没吃过牛角面包了。"

　　"你这孩子,怎么想起一出是一出呀？"姥姥板起脸,佯装生气。

　　这时,姥姥放在客厅的手机响了。姥姥放下手里的活儿,在围裙上抹抹手,便出去接电话了。

　　不一会儿,姥姥回来了。小兰没注意到姥姥的脸色,依旧撒着娇说："姥姥,我说真的,咱们晚饭别吃饺子了,烤牛角面包吧。"

　　刚才趁姥姥出去接电话,小兰翻箱倒柜,把橱柜里的面包粉都找出来了。

　　姥姥声音低沉地说："姥姥不会烤牛角面包。"

　　小兰说："我教你。我们在巴黎的家里经常烤,特别容易。姥姥,现在咱们就开始和面吧。用鸡蛋和。"他抱起面粉袋子就往盆里倒,"噗噗噗",几乎把一整袋面粉都倒了进去,灶台上白花花一片落满了面粉。他又从冰箱里拿出几个鸡蛋,在面盆的边沿磕开。不料,手没拿稳,几个鸡蛋一下子掉在地上,蛋液都流了出来,黏糊糊的一大片。

　　他连忙蹲下去捡,可蛋液滑溜溜的,用手根本抓不起来,脚踩在上面，还咴溜打滑。最后，蛋液被他抓得、甩得、蹭得、摸得到处都是，厨房里一片狼藉。

姥姥一下子发火了，一把将小兰拽出了厨房，气哼哼地说："非要吃什么牛角面包！想吃牛角面包回你自己家吃去，我这里就是饺子！爱吃不吃！"

小兰一下子傻了，脸上挂不住，心里也委屈，本能地反驳道："要是我爸爸妈妈在，一定会给我烤牛角面包的！"

姥姥的调门儿也抬高了："你爸爸妈妈在法国呢，暑假把你扔给我就不管了。还给你烤牛角面包？马角面包也没有！"

姥姥平时最是刀子嘴豆腐心，小兰撒娇耍赖的招数一直都很管用，但这次他感觉到姥姥是真的生气了。平日里姥姥跟小兰根本不像祖孙俩，更像是一对欢喜冤家，互相揶揄、拌嘴都是常事。但这次姥姥脸色阴沉，整个人看起来烦躁不安。

"老话早说了，'外甥狼，女婿狗，吃完就走'。他们把你扔给我，我再怎么尽心尽力地伺候，到时候你们还是脚底抹油——拍屁股就走。你那个洋鬼子爹也不会给我养老送终。我谁都指望不上，只能指望自己！"姥姥越说越生气，说出的话像射出的子弹一般伤人。

小兰嗅出了硝烟味，机敏地收住情绪，乖乖地一声不吭。

小兰从小就是个机灵鬼，虽然调皮，但很懂得适可而止。姥姥今天很不对劲，明明事情因小兰而起，但她却把爸爸捎带着骂了一遍。姥姥不喜欢爸爸，但又不是真的不喜欢，只是不喜欢他"拐"走了妈妈。其实姥姥对爸爸还是很好的，每次爸爸回北京，她恨不得把所有好吃的都做给他吃，似乎忘了爸爸本身就是一个大厨。

见小兰乖得像一只受惊的小兔子，姥姥有些不好意思了，心想自己真是老糊涂了，自己心情不好，跟孩子较什么劲呢！一个大人，不管遇到什么事，都不能拿孩子当出气筒。姥姥平复了一下心情，把灶台和地面都收拾干净了。她的脸上挤出一丝笑容，语气平和地说："乖孩子，馅儿都拌好了，面也和好了，今天晚上咱们就吃饺子吧，明天一定给你烤牛角面包。"

姥姥在客厅的饭桌上包着饺子，小兰乖巧地跑过来帮忙。亲人之间就是这样，刚才还怒气冲天，瞬间就雪化冰融。

姥姥突然说："你还记得跟我们一起跳舞的常奶奶吗？"

小兰点点头。常奶奶年轻时是文工团的专业舞蹈演员，退休后在落花胡同舞蹈队担任领舞，她长得漂亮，身姿轻盈，穿着和妆容精致又时髦，一眼猜不出她的年龄。

"没了。"

"没了？没了是什么意思？"小兰正认真地在饺子边缘上捏花纹。

姥姥笑了，唉，真是老了，心里越来越装不下事，跟个孩子说这些做什么，他哪懂生离死别的事。但她还是心平气和地解答了小兰的疑问："就是死了。她平时好好的，没病没痛，突然摔了个跟头，人就没了。她无儿无女，老伴儿也去世了，走的时候身边连个亲人都没有……"姥姥一边低着头擀着饺子皮一边说："人老了，身边这样的事越来越多，今天是你，明天是他，不知道什么时候就轮到自己了……"

小兰惊愕地抬起头来，他不知道姥姥在说什么，她的意思是，她会——死吗？小兰打了个冷战，他无法想象姥姥会离开自己、离开这个世界，化成一缕薄烟随风消散。一阵巨大的恐惧猝然袭上心头，小兰觉得自己的脸僵得像戴上了一副沉重的面具。

姥姥看着小兰那副惊愕又难过的样子，忍不住笑出了声，那笑声冲破了阴霾与愁绪。"哎哟喂，真是的，现在想那些做什么？既然活得好好儿的，那就该干什么干什么。"

姥姥恢复了惯常的爽朗，小兰觉得整个人如释重负。小兰突然发现，自己虽然在姥姥家里可以肆无忌惮，但他那喜怒哀乐的情绪开关实际上完全掌握在姥姥手里。他之所以在北京每天都快快乐乐的，不仅因为性格中遗传了姥姥乐观的基因，更因为姥姥给他营造了一个无忧无虑的环境。其实他就是一棵柔弱的小苗，一旦姥姥难过，他的周围就像飘起了一团厚重压抑的阴云，让他无法呼吸，甚至整个人像在浓雾中迷了路，马上就要坠入绝望无助的深渊。

"水已经烧开了，马上下锅煮饺子。吃完咱们看戏去！"姥姥端起一笸箩小兰捏的歪七扭八的饺子，准备到厨房去煮。

小兰叫道："姥姥，吃完饭咱们去看戏？"

姥姥乐呵呵地说："是呀。有人送了我两张戏票，京剧折子戏。"姥姥故意跟小兰开玩笑说："不过呢，你要是不愿意去，我就自个儿去，把另一张票卖喽。哈哈！"

小兰赶紧说："我愿意去！我愿意去！"

小兰并不是要刻意讨好姥姥，而是真的想去。京剧在法国名气很大，他在巴黎的不少小伙伴都知道京剧，但都没看过。这次他看了演出，回去后就有了跟他们炫耀的资本了。

第十一章
京　剧

偌大的剧院坐满了人，来看京剧的观众有头发花白的老人，也有穿着时髦的年轻人；有亲密的一家三口，也有几位家长带着各家孩子的"大部队"。小兰旁边坐着两个五六岁的小男孩，看样子他们是双胞胎。两个小家伙不时从妈妈怀里钻出来偷看小兰几眼，还捂着嘴、缩着脖子咪咪地笑。

小兰吐出舌头，对着两个小男孩做起鬼脸。两个小家伙赶紧把眼睛移开，把头埋进妈妈的怀里。小兰心中窃笑着，小屁孩，没有见识，大惊小怪，没看见前面就坐着几个黄头发的外国人吗？

小兰一落座就注意到前面那三个外国人了。他们安静地坐着，手里拿着节目单细细研究，也不知道他们认不认得中国字。他们还时不时低声议论着什么。小兰突然对他们充满了好奇,不知他们来自哪里,看不看得懂京剧。其实看不懂也没关系,内行看门道,外行看热闹,看不懂感受一下氛围也是好的。

因为坐得高,下面的舞台看起来小小的。剧院的灯光暗下来了,只有舞台是明亮的,像一块发光的玉石。突然,悠扬的笛声、胡琴声、月琴声和铿锵的鼓声响了起来。在一阵节奏紧凑的鼓点中,演员出现在舞台上,伴着音乐唱着、舞着。

每个演员都穿着华美的戏服,戴着绚丽的冠饰,光彩照人。即使观众离他们那么远,依旧会被他们的风姿吸引。"丝不如竹,竹不如肉",他们嗓音清亮,吐字清晰,能让在场的每一位观众都听得清清楚楚。

这场演出是"梅尚程荀"的折子戏,共四个经典剧目的片段。姥姥说,"梅尚程荀"指的是梅兰芳、尚小云、程砚秋、荀慧生,他们四人都是响当当的京剧大家,每个人都代表着京剧的一个流派。梅派雍容华贵,端庄大气;尚派刚劲婀娜,尤擅"武功";程派清丽婉约,含蓄内敛;荀派活泼俏丽,风姿妩媚。四派传承至今,桃李芬芳,声名显赫。今天演出的四个折子戏,分别是梅派的《西施·游湖》、尚派的《昭君出塞》、程派的《春闺梦》和荀派的《小放牛》。姥姥说这些戏全是精华中的精华,个顶个的好。

小兰不懂这些戏好在哪儿，但他莫名地看进去了。哪怕折子戏的每个故事都是掐头去尾的，也丝毫不妨碍他看得津津有味。小兰看到前排有一位老者一直在跟着演员轻轻地哼唱，边唱边用手指在膝盖上打着拍子，看样子是个资深戏迷。

第一个剧目《小放牛》真有意思。春天的山野中，村姑和牧童相遇了。两个顽皮的孩子蹦跳嬉闹，一个出谜语另一个就猜。整段曲子优美动听，听一遍就能记住。两位演员载歌载舞，活泼伶俐又风趣幽默，观众席不时爆发出热烈的掌声和欢乐的笑声。

第二个剧目《西施·游湖》也很有意思。春秋时期，吴越争霸，越国的美女西施到了吴国，协助越国灭掉了吴国。吴国灭亡后，西施和范蠡泛舟湖上，过上了隐居的生活。《游湖》讲的就是他们归隐五湖的故事。舞台上根本没有水，更没有船，只有一个艄公手里拿着一支桨做出划船的动作。但是扮演西施和范蠡的演员单凭手上、身上和脚下的动作，就能让观众看懂他们上船、下船、湖中行舟的情节。小兰在心中不住地惊呼，他们真的太有表现力了，连门外汉都能看懂！

《昭君出塞》更是了不得。《昭君出塞》讲的是西汉时期，美女王昭君与匈奴和亲的故事。姥姥开场前小声对小兰说："《昭君出塞》文戏武唱,是最难演、最能体现演员功底的戏,这出戏可有'唱死昭君,累死王龙,翻死马童'的说法。"小兰被吊起了胃口,目不转睛地看着舞台。他看到,马童在不停地翻跟头,王龙做出各种繁复的动作,但最累的还数王昭君。她不但要从头唱到尾,还要边唱边做出鹞子翻身①、塌腰圆场②、挥鞭、趟马③、掏翎④、蹉步等繁难的身段。演员如果没有扎实的功夫和充沛的体力,根本无法完成难度如此之大的演出。

王昭君不但功夫了得,唱功也好。那声音如怨如慕,如泣如诉,唱得小兰心里酸酸的,整个人沉浸在王昭君的哀怨中,难受之余又十分享受。

哎呀,爹娘啊!

孩儿今日别了你,但不知何年何月何日何时,再得见我那爹娘啊!

我只得转眼望家乡,缥缈一似云飞。

海水连天,野花满地。

----

①戏剧术语,即身体翻转,轻捷如鹞之旋飞。
②圆场,即演员在舞台上按环形路线绕行。
③戏曲以舞蹈形式来表现人骑马行路的程式化表演技巧。
④翎子是插在盔头上的两根雉鸡翎。掏翎是用手来掏弄翎子的功夫。

愁在雁门关上望长安,纵有那巫山十二难寻觅。

…………

小兰听到这里,鼻头一酸,泪水涌了出来。他怕没面子,连忙用手指抹去了眼泪。坐在他旁边的那两个小孩儿无法理解王昭君的哀怨,其中一个大声问妈妈:"她为什么这么伤心?"另一个搭腔:"是呀,她可以随时回来看她的父母呀,为什么要哭呢?"那位妈妈连忙制止了他们,压低声音给他们解释着。

小兰被他们的声音拉回了现实,不耐烦地瞪了他们一眼。真是什么都不懂的小屁孩,就不说过去交通不便了,即使是现在,离得远了,也不是想回来就能回来的。就拿他们家来说吧,连一年从法国回来一次,爸爸妈妈都做不到。

小兰心中也涌动着一股思念的潮水,不知何时就要决堤。他想家了,想念爸爸妈妈了。他已经好久没跟爸爸妈妈见面了,哪怕是隔着屏幕的见面。他们难道不想他,把他忘了?他努力吸了几下鼻子,想把脑子里的伤感和委屈都赶走。他不想让自己显得多愁善感。

演出的大轴剧目是《春闺梦》。一个青年女子在梦中与出征打仗的丈夫相见,但实际上她的丈夫早已战死沙场。所谓团聚,不过是女子的一场梦。女子在梦中越是甜蜜幸福,观众看得就越是揪心难受。一瞬间,小兰再也忍不住了,泪水像决堤的洪水一般汹涌而来。他使劲用手擦着,但泪水根本止不住。

小兰觉得难为情,下意识地看了一眼旁边的姥姥,顿时惊呆了。他竟然一点儿没发觉,不知什么时候姥姥也已经泪流满面。她红着眼睛,哭得无声无息,泪水顺着她布满皱纹的脸静静地流淌。平时的姥姥总是那么乐观,爽朗的笑声中听不出任何烦忧,小兰长这么大,还从没见过她哭呢。

姥姥发现小兰在看她,连忙擦干眼泪,小声说:"我没事,就是突然想起你常奶奶了。"

小兰原本已经不哭了,但听到姥姥哽咽的声音,心中一颤,泪水又止不住了。他这才真正意识到,常奶奶已经不在了,以后姥姥只能和她在梦中相见了。泪眼模糊中,小兰看到姥姥也在哭。

演出结束了。走出剧院,雨竟然还在下。天黑路滑,姥姥破天荒地奢侈一把,没有坐地铁,而是打了一辆出租车回家。

时间晚了,路上人少、车少,写字楼里的灯光熄灭了,整个城市萧索冷清。细雨中,出租车在空旷的街道上快速行驶,轧过路面时发出"唰唰"的声音,凉风从车窗外吹进来,小兰不由得打了个寒战,将双臂抱紧在胸前。

看完演出后,小兰怅然若失,整个人像被抽空了似的,没有一丝力气。从演出结束到现在,他还没说过话呢,仿佛不愿从梦中醒来,抑或是在痛恨为什么现实不是梦。他的身体里涌动着一股难以言说的伤感,曲终人散的感觉,真让人难受呀。

小兰看看姥姥,姥姥也一脸疲惫,眼睛红肿,脸色苍白。小兰的心一紧,他第一次意识到,姥姥老了,真的老了。

姥姥看到小兰担忧的神情,小声说:"我没事,就是看戏看累了,歇一会儿就好了。"她疲惫地靠在出租车座背上,闭上了眼睛。小兰跟她一起沉默着,但他不敢把眼睛闭上,他害怕睁开眼后,身边有什么东西会从他眼前消失。

汽车"唰唰"地在暗夜中行驶着,小兰感觉自己陷入了一种孤寂、隔绝的氛围里,莫名觉得紧张和害怕,心像被一根绳子紧紧向上揪着。

小兰紧紧抓着姥姥的手,他感觉到姥姥的手也在温暖有力地攥着他的手,心中才踏实了一些。

终于到家了。他们刚进屋,妈妈的视频电话就打过来了。看到妈妈的脸时,小兰一句话没说,泪水就扑簌簌地落下来。他见到妈妈明明很开心,但就是笑不出来,就是想哭。

手机那头的妈妈紧张地问："宝贝，你怎么了？怎么哭了？"

小兰一个劲儿地摇头，哽咽着说："我没事……妈妈……"

妈妈在手机屏幕里笑着说："没事怎么哭呢？"

委屈、伤感和难以言说的情绪混杂着涌上小兰的心头，他哭得更厉害了，一半是嘴硬，一半是撒娇："我就是没事嘛！"

手机那头的妈妈眼圈红了："宝贝，对不起，这段时间我和你爸爸太忙了。中餐馆生意不好，我们辞退了服务员，什么活儿都得自己干。这会儿是歇业时间，我们才有时间给你打电话。这段时间忽略你了，对不起，宝贝。等我们忙完这阵，就回北京看你和姥姥。你是大孩子了，要照顾好自己，还要照顾好姥姥。"

小兰被妈妈说得更委屈了，撇着嘴，泪水顺着脸颊止不住地流。

爸爸把自己的脸挤进小小的手机屏幕，胡子拉碴也掩藏不住他的帅气。他跟小兰说的是法语，无比温柔："我的宝贝，爸爸很想你，也很爱你。我们永远爱你。"

小兰想起平日里爸爸那温柔宠溺的亲吻，抽噎着用法语说："爸爸，我也爱你，我爱你们。"

"宝贝，别哭，也许我们很快就见面了。"爸爸仍用轻柔的声音安慰着小兰。

"爸爸,我爱你们,永远爱你们。"小兰重复着。说着说着,他的眼泪又流了下来。

姥姥在一旁看着,也跟着抹起泪来。

第十二章
变　动

　　小兰这个家伙，真是一有机会就偷懒耍滑。那天宋老师给每个人发的榫卯积木盲盒，回家的路上他就直接塞给韩天骄了。而且他的理由特别"合理"，"合理"到韩天骄已经懒得跟他辩论，干脆伸手接了过来。小兰说，反正韩天骄以后是要成为建筑师的，正好趁机多练练手。

　　韩天骄的理想确实是成为一名优秀的建筑师，所以他很快就拼好了自己的作品——一个八角攒尖顶①小亭子。亭子的八个屋角玲珑地翘起来，线条流畅。拼完自己的，他开始拼小兰的。小兰"运气"真好，竟然领到一个难度最大的四合院建筑模型，起脊屋顶，硬山山墙，有柱、有梁、有门、有窗户。麻雀虽

①建筑物的层面在顶部交汇为一点，形成尖顶，这种屋顶叫作攒尖顶，这种建筑叫作攒尖顶建筑。

小，五脏俱全。韩天骄拼了好几天，眼瞅着就要大功告成。他屏气凝神地拼好最后一块木头，突然得意地笑起来，也就是自己能完成这个作业。以小兰没有耐性的性格，就是借他十只手，他也拼不好。

一个念头从他脑子里跳出来：如果以后把落花胡同 38 号院、40 号院和 42 号院设计成榫卯积木，应该很有意思。下次参加营造社活动时，他要把这个建议告诉宋老师，再问问他如何定制。

韩天骄兴冲冲地捧着拼好的模型来到客厅给奶奶看。奶奶正在打电话。韩天骄听了听，电话那头是爸爸。韩天骄把模型放在茶几上，示意奶奶打开手机扩音器，他也要听。奶奶照做了，爸爸的声音清晰地从手机里飘了出来。

爸爸说，最近深圳的民宿生意非常红火，他想扩大规模，再增加几个房间，正好有一个经营民宿的朋友想把几间民宿转手，他考察了一番，打算盘过来。

奶奶跟爸爸开心地聊着，但突然担心地问道："接手别人的民宿没风险吧？要是赚钱的话，人家自己就赚了，怎么会舍得转给你呢？"

电话里的爸爸信心满满地说："哎哟，妈，您当了一辈子小

小兰原本已经不哭了，但听到姥姥哽咽的声音，心中一颤，泪水又止不住了。他这才真正意识到，常奶奶已经不在了，以后姥姥只能和她在梦中相见了。

学教师,还懂生意场上的事?这个朋友是要转行做别的了,这才想把正在经营的民宿转手。我去考察过了,这几间民宿在山里,装修考究,环境幽静,软硬件齐备。现在我的民宿是在海边,入手这几间后可以开展多元经营,效果一定不错。"

奶奶还是担忧:"那你可得看准喽,千万别看走眼。房间多了,成本也上去了。"

爸爸笑了:"您就别操心啦!您还以为所有人都跟您一样,不愿意来深圳呀?现在是暑假,来深圳度假的人乌泱乌泱的。大家在海边冲冲浪、晒晒太阳,或者去森林里听听鸟叫、吹吹山风,舒服得不得了。人们早就厌倦了城市里的热闹嘈杂,都在向往诗与远方呢。咱的民宿要么一出门就是大海,要么隐在深山里,肯定大受欢迎,现有的房间都预订到下个月了。"

奶奶终于放下心来,笑呵呵地说:"行,做生意你在行,你就拿主意吧。"

"得嘞,您把心放肚子里。您儿子我走了这么久的霉运,终于要时来运转啦!这次您就赒好吧!"

"什么好不好的,咱不求大富大贵,一家人平平安安就行了。你在那边多保重,照顾好自己。"

"哎哟,看看您这操心劲儿!我又不是三岁小孩儿,您就放一百个心吧！"突然，爸爸变得吞吞吐吐，"不过……接手那几间民宿需要一笔资金……我正在想办法呢……"

奶奶不想让韩天骄继续听下去，便拿着手机走进卧室，关上了门。但韩天骄哪肯作罢，他偷偷跟过去，把耳朵贴在了门上。

奶奶体贴地对爸爸说，她还有点儿私房钱，让爸爸先拿去用，自个儿的钱用着比借别人的踏实。

爸爸的声音里充满愧疚："妈，那是您的养老钱，您应该好好儿留着，不到万不得已不能轻易动。"

"哎呀，一家人说这些做什么！你是孝顺的孩子，又上进、有拼劲，我一点儿不担心自己的养老问题。现在我住在你买的房子里享福，好多老街坊都还租房子住呢，他们都羡慕我儿子有出息。以后你的民宿生意更上一层楼，我的福气还在后头呢！"

爸爸长舒一口气，对奶奶表起决心："妈，您放心吧，那几间民宿接手后不会再有任何投入，立刻就能赚钱。我算过账了，趁着这个暑假好好儿经营，就能把成本赚回来，到时我第一时间把钱还给您。"

"你是我儿子，我的就是你的，别老说什么还不还的。"

"天天的寄宿学校,也基本定下来了。我现在太忙,开学前让天天过来就行。这段时间,还得麻烦您替我照顾他。"

韩天骄在门外听得心怦怦乱跳,血一个劲儿地向头上涌。大人的事他可以不管,但这是关系到他的事,他不能不管。他再也忍不了了,忽地推门进去,对着电话大喊了一声:"爸爸!"

奶奶心中一惊,哎哟,真是老糊涂了!自己特意躲到卧室里打电话,没想到稀里糊涂的,手机扩音器忘关了。奶奶手忙脚乱,想把手机的扩音器关掉,可是已经来不及了。韩天骄从奶奶手里一把夺过手机,又大喊了一声:"爸爸!"

"天天呀……"电话那头的爸爸说。

韩天骄震惊地说:"爸爸,寄宿学校?您给我联系的是寄宿学校?"

爸爸的声音听上去更震惊:"我之前没跟你说过吗?肯定是寄宿学校呀。我太忙了,生意上的事千头万绪,照顾不了你。奶奶年纪大了,身体也不好,照顾你很辛苦。你去寄宿学校读书,奶奶就可以歇歇了。"他顿了顿,苦口婆心地劝慰道:"天天,我实在太忙了,恨不得长出八只手、一天能有四十八小时。我实在没有时间和精力照顾你,只能先送你去寄宿学校。你放心,我给你联系的是深圳最好的寄宿学校,条件特别好,有生活老师专门照顾你们的生活，洗衣服、打扫卫生都有人管，你不用担心会在那里受委屈。我一有时间就会去看你……"

韩天骄又失落、又委屈、又气愤，他浑身发抖，泪水已经在眼眶里打转了。满心盼望着去深圳跟爸爸团聚，没想到他们还是会被寄宿学校的围墙和铁栅栏分开。他满眼泪花地看着奶奶，无比委屈地问："奶奶，您知道寄宿学校的事吗？"

奶奶一脸茫然地摇摇头。她也觉得很突然。这父亲是怎么当的呀，亏自己那么相信他，同意他把天天带到深圳去。可让天天去读寄宿学校这么大的事，他竟然一个字都没吐露过，真不知道他是忙忘了还是故意来一个先斩后奏。刚刚在电话里听到寄宿学校的事，奶奶也很生气，难道他觉得，天天在她身边还没有去寄宿学校好？

韩天骄流着泪哀求道："爸爸，我不想去寄宿学校，您帮我联系走读学校吧。"

爸爸压抑着烦躁的情绪，耐着性子劝说韩天骄："天天，寄宿学校已经联系得差不多了，现在联系走读学校有些晚了，恐怕已经没有名额了……"

爸爸不是说一切尽在掌握中吗，为什么对自己的请求不闻不问？他究竟把自己当什么，随意丢在哪里的一件物品吗？

韩天骄又气又恼,对着手机大哭大闹:"我不去寄宿学校!我不去!"

奶奶赶紧安慰他:"天天不哭,事情还能解决,还有回旋的余地。"

"天天,现在很多孩子都读寄宿学校。在那里你能认识很多小朋友,还能锻炼独立生活的能力。你是男孩子,从小学着做一个男子汉不是很好吗?"

韩天骄根本听不进去爸爸冠冕堂皇的说辞,依旧大哭大闹:"我不去寄宿学校!"

电话里的爸爸终于爆发了,大吼道:"哭什么哭!寄宿学校怎么了?不是有很多孩子在那里读书吗?别人行,你怎么就不行?!"烦躁之下,爸爸"啪"的一声挂断了电话。

韩天骄哭得更厉害了,哀伤无助地看着奶奶:"奶奶,我不去寄宿学校。你们不要让我去寄宿学校!"

奶奶心疼地为韩天骄擦着眼泪,连连安慰道:"别哭别哭,天气这么热,哭鼻子会上火的。你爸爸现在知道你不愿意去寄宿学校了,他会帮你联系走读学校的。"

但韩天骄谁的话都不再相信。大人的话都是假的,他们最擅长用谎言达到自己的目的。他那么相信爸爸,一直期待着跟他相聚,没想到爸爸却做出了这样自私的决定。

奶奶不再劝他,让他先回卧室休息一下。可韩天骄躺在床上,一直想哭,泪水顺着脸颊流出来,把枕巾都打湿了。哭得太凶,韩天骄觉得头晕晕的,鼻子也塞住了,喘不上气来。他一向觉得自己很坚强,结果哭起鼻子来比谁都凶。他突然觉得这样哭哭啼啼的有点儿丢人,便抽抽鼻子,把脸上的泪水抹去了。

他一骨碌起身,抓起手机,想给好朋友发信息倾诉一下。李卓凡,不行,自己要转学的事都没告诉他。他想了想,给小兰发了一条信息:

我爸爸要送我去深圳的寄宿学校!

很快,小兰的回复从手机屏幕上弹出:

不要去!!!

三个大大的感叹号。

紧接着,小兰又补了一句过来,急得他语法都错了:

寄宿学校就是一个笼子,很不自由,非常!!!

不一会儿,小兰的第三条消息又来了,三个大大的问号加三个大大的感叹号,触目惊心:

你爸爸是不是要再婚了???!!!

韩天骄还没反应过来,小兰的第四条消息又轰炸过来:

一般父母决定再婚前,都会把孩子送到寄宿学校去,能避免很多麻烦。

　　韩天骄都气笑了,这家伙哪儿来的这种想法? 不管怎样,在和小兰聊天儿的过程中,韩天骄已经打定了主意。

　　韩天骄走出卧室,来到客厅。奶奶正坐在沙发上看电视,音量调得小到几乎听不见。

　　韩天骄看着奶奶的眼睛, 一字一顿地说:"奶奶, 我决定了,我不去深圳了,就留在北京。"

　　奶奶一愣:"天天,还在生你爸爸的气? "

　　韩天骄抿着嘴不说话。

　　"天天,你爸爸要强、爱面子,既想发展事业又想照顾好你,还不想麻烦我,所以才想让你去深圳。在学校的事上意见不一致,是大家没有沟通好,你不要生气。你不想去寄宿学校,就先别去了。你爸爸那里,我去说。"奶奶平和而坚定地说。

　　韩天骄如释重负。这么说,奶奶同意他留在北京了。他知道,奶奶之所以坚定地让他留下来,是想给爸爸减轻负担,也能照顾爸爸的自尊心。现在爸爸的事业正处在关键时期,那就让他全力拼搏事业吧,不要让他为其他事分心。

　　奶奶看上去柔弱,却是这个家的参天大树,时时刻刻都在为儿孙挡风遮雨。

一瞬间,韩天骄很庆幸没有把转学的消息张扬出去,否则现在多没面子呀!但转念一想,那点儿虚荣心和自卑感又算得了什么呢?他暗暗发誓自己也要学着为爸爸和奶奶分忧了。爸爸不是让他学着做一个男子汉吗?他一定能把自己照顾好,也能把奶奶照顾好。

韩天骄的目光落在拼好的四合院建筑模型上,他想起奶奶经常说的一句话"此心安处是吾乡",心情渐渐平静下来。北京本来就是他的家,他们祖祖辈辈住在这里,那就让自己的心在这里安定下来吧。他知道,其实没有同学看不起他,只是自己的自卑感和虚荣心在作怪罢了。他可以凭自己的努力,继续赢得所有同学的尊重。他坚信这一点。

第十三章
学　习

　　早高峰时段的地铁站，真是无比恐怖。上班的人们就像汹涌的潮水一样，从四面八方涌入地铁站，在站台上排出长长的队伍。列车还没有驶入站台，人们就已经摆出要冲锋的架势。列车开门时，有的人像接到了十万火急的命令一般，明明车厢里已经满满当当，还是硬要不顾一切地往上挤。神奇的是，这些人也总是能挤出一丝空隙，幸运地被列车带走。

　　人太多了，李卓凡和爷爷排队等了好几趟列车，终于进入了车厢。一进车厢，李卓凡就发现——

　　爷爷不会坐地铁。

　　高峰期坐地铁有很多诀窍。一进车厢就要尽力往里走，不要堵在车门处，影响其他人上下车。车厢里人多的时候，要一个挨一个站，后面的人贴着前面人的肩，但又要留出必要的空隙,一个个乘客巧妙地插空,像鱼鳞一样整齐有序地排列着。这种排列方式跟沙丁鱼罐头是一样的道理,一条条鱼顺着往里装,才能装进去更多。如果你站立方向跟别人是逆着的,那你就会像一片逆鳞,招来别人的白眼。还有,站立的时候要两脚打开,面向车门,双手抓住扶手。这样,列车突然刹车时,人才不至于站不稳。

爷爷把所有的错误都犯了一遍。他两只手紧紧抓住车门边的扶手,车门一开一关,他只得慌张地看着从前后左右各个方向涌来的乘客。他就像抓着洪水中的大树一样,身体僵直,一动不敢动。车门打开了,靠近车门的人都拥了下去。一个排在后面的小伙子眼看车门即将关闭,却被爷爷挡住了去路,极不耐烦地说了一声:"不下车堵着门口干吗?"爷爷完全不知道小伙子是在说他,依旧紧紧抓着扶手,身体僵硬得像一根木头桩子。

李卓凡说:"爷爷,您挡到别人了。"爷爷这才意识到了什么,脸腾地一下红了。他连忙松开了扶手,但手脚又无所适从,像个迷路的孩子。

小伙子猛地扒拉了爷爷一下,在车门关闭的一瞬间,侧着身子从渐渐变窄的缝隙里挤了出去。

爷爷神情尴尬,嘴角不自然地抽动着。但车厢里的人们看手机的看手机,听音乐的听音乐,还有人专心致志地等着下车,谁会注意他呢?

车厢里面的人少些了,李卓凡就像一条灵活的鱼,钻过人群,在车厢的角落里站好。爷爷则笨拙地跟在李卓凡后面,晃晃悠悠,一步一挪。

爷爷终于走过来了,右手紧抓着一个吊环,尴尬地对李卓凡笑笑说:"这么多人……"

昨天晚上,爷爷突然说想找本书看,问最近的图书馆怎么走。爸爸说:"去图书馆借书看多不方便,直接到书店买一本不就行了?您要看什么书,我明天去买。"李卓凡趁机说喜欢一本漫画书,请爸爸顺便给他买回来。爸爸便说,与其这样,那就让李卓凡陪爷爷去书店,好好儿挑,好好儿选。大家都觉得这个主意不错。

今天早上,爷爷早早就穿戴整齐,在客厅沙发上端坐着等李卓凡。妈妈一次次到卧室催着李卓凡赶快起床。妈妈最后一次来催时,李卓凡睡眼惺忪地嘟囔着:"不就是去书店买书吗,起那么早干吗?"

妈妈在他胳膊上拧了一把："快起来！早去早回不知道吗？"

"早高峰地铁上人多。"李卓凡顶了一句。

要不是李卓凡睡上铺，妈妈够不着他，他早就被无情地薅起来了。

爷爷听到卧室里的动静，在沙发上扯着嗓子说："小桌子，不着急，你睡吧，睡醒了咱们再去。"

妈妈小声凶李卓凡："还不快起来！"

瞧这架势，懒觉铁定是睡不成了。李卓凡大大地打了个哈欠，伸了个懒腰，慢吞吞地起床了。喝了牛奶，吃了面包，他带着爷爷出门了。

有人下车了，空出一个座位，李卓凡眼疾手快，立刻冲过去，没想到被一个比他还小的小女孩抢先了。小女孩奶声奶气地对旁边那位老奶奶说："奶奶，您坐。"老奶奶说："彤彤坐，奶奶不累。"小女孩非让老奶奶坐，老奶奶便坐下来，把小女孩揽在怀里。

李卓凡看得脸红耳热，讪讪地回到爷爷身边。

又有了一个空位。李卓凡走过去，示意爷爷来坐，爷爷一再推辞。在李卓凡的一再坚持下，爷爷才走过来，小心地坐下，双手放在膝盖上，身体一动不敢动，乖巧得像个上幼儿园的小朋友。

一位年轻的母亲抱着一个小孩儿过来了，有人起身给他们让座。爷爷一惊，身体像触电似的从座位上弹起来，他也想让座，但被李卓凡制止了。爷爷还不知道，他已经是"扶老爱幼"中的"老"了。

那个小孩儿太调皮了，根本不坐，而是在车厢里巡查一般地走来走去。他大约只有两岁多，走路还不稳，年轻的母亲就牵着他的手，跟着他的步伐向前走，一边走一边给人们道歉。

在列车的晃动中，李卓凡突然觉得有些恍惚，自己似乎一下子长成了大人，而爷爷在不断变小、变小，渐渐成了孩子，一个弱小无助的孩子。孩子离不开大人的关心和照顾，李卓凡觉得自己也要学会照顾爷爷，就像那位年轻的母亲照顾自己的孩子那样。

李卓凡看着座位上乖巧端坐的爷爷，对他充满怜惜。爷爷发觉了李卓凡的注视，对他窃窃地笑了笑。爷爷一笑，李卓凡心中泛起涟漪，眼泪快要涌出来了。

一到书城，爷爷就傻了。他以为的书店是街上一个小小的店面,没想到竟然是一整座巨大的商城。书城一楼整齐地摆着一排排书架,每个书架上都是书,满满当当的,抬头向上看,长长的旋转楼梯看得他眼晕。他心想,这书城有好几层呢,不会都是书吧?

李卓凡这才想起来问爷爷要找什么书。爷爷说:"《营造法式》。之前有一本,但是留在农村老家了。"李卓凡听宋老师讲过好几次《营造法式》,他的好奇心被勾起来了,这到底是一本什么样的书,怎么爷爷和宋老师都在看呢?

爷爷很发愁怎么在这偌大的书城里找到一本小小的书,这不是大海捞针吗?他正惶惑时,只见李卓凡走到一台电脑旁,噼里啪啦敲了几下,便走过来说:"爷爷,去四楼,《营造法式》在四楼。"

爷爷晕晕乎乎地跟着李卓凡沿着旋转楼梯往上走,转呀转,转到了书城四楼。好家伙,四楼像一楼一样,一排排书架长成一片茂密的森林,一眼望不到边。看书的人隐在其中,就像森林里被大树遮挡的一棵棵小草。李卓凡径直朝"森林"深处走去,爷爷紧跟在他后面,生怕自己会迷路。

突然,李卓凡在一个书架前停了下来,精准地从书架上抽出一本书。爷爷一看,不得了,真的是《营造法式》!

书架旁边摆放着一张大桌子和几把椅子，形成一个阅览区。读者们坐在桌子旁，安安静静地看书。有的人干脆坐在地上，背靠着书架，痴迷地捧着书读。

李卓凡压低嗓音对爷爷说："爷爷，您就坐在这儿看吧。我去找几本漫画书，一会儿来找您。"

爷爷不可置信地问："书还没付钱呢，现在能看？"

李卓凡笃定地说："当然能看！看得不想看了，再去交钱买下来就行。"

爷爷这才放心，找了个空位子坐下。李卓凡抱着一大摞漫画书回到阅览区时，见爷爷看得正投入——他端坐在椅子上，低着头，书在胸前的桌子上摊开，身体一动不动。爷爷的眼睛盯着书页，嘴中念念叨叨，边看边读。这是看书慢的人常有的习惯。爷爷看书果然很慢，盯着书的一页嘟囔了好久都没翻过去。

李卓凡在爷爷旁边找了个空位坐下来，他好奇地把头探到爷爷这边，哎呀，《营造法式》全是晦涩的文言文，旁边配着白话文的翻译，还画着奇奇怪怪的图。李卓凡吐吐舌头，爷爷对他笑笑，继续埋头看书。

李卓凡看了一会儿漫画书，觉得渴了，想去买矿泉水。他小声对爷爷说："爷爷,咱们走吧。"爷爷明显不舍得走,但还是依了他,两个人便去柜台处结账。

是李卓凡结的账。昨天晚上爸爸给了李卓凡买书的钱,又嘱咐他,不能让爷爷掏钱,买书剩下的钱李卓凡可以随意支配。李卓凡爽快地答应下来。

结完账,还剩十几块钱,李卓凡一盘算,正好够买两杯冷饮。他不想买矿泉水了,于是径直带着爷爷去了书城旁边的冷饮店。

那些名字五花八门、颜色花花绿绿的冷饮,爷爷听都没听过、见也没见过,更不知道是什么味道的,让他点一杯自己喜欢的,实在太难为他了。李卓凡便自作主张,点了两杯自己最喜欢的芋圆红豆奶茶,他想爷爷应该也会喜欢。

他们在冷饮店的一张桌子旁坐下。奶茶来了,李卓凡替爷爷插上吸管,又像主人招待客人一样热情地说："爷爷,您快喝,快喝呀,刚做好的最好喝了!"

"很贵吧?"

"不贵,您快尝尝。"

爷爷小心翼翼地吸了一口,又香又浓,甜而不腻,果然很好喝。

桌子很小,爷爷低着头喝奶茶,把刚买的《营造法式》推到桌子的边沿,生怕一不小心奶茶溅出来弄脏了书。

"爷爷,营造社的宋老师也提过《营造法式》,他说这是一本天书,特别难懂。"李卓凡对这本书充满好奇。

"《营造法式》是古人写的盖房子的书,木作、石作、瓦作、泥作、彩画作、竹作,所有盖房子的规矩和方法都写在里面了,很难看懂。但要是把这本书读透了,所有古建筑也就弄明白了。"一提起《营造法式》,爷爷的话就多起来,整个人也放松了。

"爷爷,您能看懂吗?"

"我看不太懂。"爷爷苦笑着说,"我年轻时在外面做工,有一位大专家教过我们《营造法式》,可惜那时我没好好儿学。要是学好了,现在就不费劲了。"爷爷轻轻摩挲着《营造法式》的封面:"现在的书做得真好,配了解释和图,读起来容易多了。不像家里那本旧书,什么都没有,全靠自己悟。"

"爷爷,您怎么突然想读《营造法式》了?"李卓凡问。

爷爷轻叹了一声,许久才开口,似乎这是一个让他不愿启齿的话题:"我想多看看书、多学习学习,技多不压身,学了肯定有好处……有机会再找个合适的活儿干,别整天闲着,成了一个老废物。"爷爷脸上堆起的笑容极不自然。

"爷爷，您才不是老废物！"李卓凡一激动，话没过脑子就脱口而出。

"怎么不是老废物？我什么都不懂，什么都不会，连个孩子都不如。"爷爷明明在笑，但他的笑容是那么苦涩，让李卓凡的心像被拧了一下。

爷爷装作喝奶茶，又把头低下了。李卓凡这才发现，爷爷的手粗糙皲裂，像老树皮；手背上的指关节都泛白了，像树皮上的疙瘩。因为做活儿太多，他的手总是蜷曲着，已经伸不直了。这是一双辛勤劳作了一辈子的匠人的手。

"爷爷，那些生活小事我来教您，很快就能学会。"李卓凡打包票。

爷爷缓缓地抬起头，对李卓凡笑笑。那笑容里有感激，有难为情，还有一丝愧疚。

"爷爷，那咱们做个交易，您教我读《营造法式》吧，咱们互相学习。"李卓凡说。

爷爷嘴唇颤抖着，一连说了好几个"好"。他的眼角湿润了，眼眶还有些发红。

李卓凡的心猛地一颤，眼泪顿时掉了下来。他连忙用手指揩去,没让爷爷发现。

李卓凡对自己说,他一定会耐心地对待爷爷,就像对待一个牙牙学语的小孩儿,就像守护一件珍宝。

第十四章
修　复

李卓凡回到家，拖鞋都没换，把书包往客厅沙发上一扔，便冲进卧室找爷爷。爷爷不在。他对着厨房喊了一嗓子："妈，爷爷呢？"妈妈正在厨房做晚饭，扭过头说："在楼下绿化呢吧。"李卓凡"哦"了一声，飞快地冲出了家门。

他有一件大事要告诉爷爷。

一出楼门，往左一拐，他就在草地旁边的空地上看到了爷爷。夕阳西下，暖暖的光照在草坪上，金灿灿的。爷爷戴着一顶草帽、穿着一件老头衫，背对着李卓凡，弓着腰，正忙活着什么。阳光洒在爷爷的背上，他的影子投到地面上，形成空地上唯一一片深色的阴凉。

李卓凡快步跑过去，大喊了一声："爷爷！"

爷爷受到惊吓，后背猛地一颤，回过头来。他站起身，逆着阳光，眯缝着眼睛，黧黑的脸上流出暖暖的笑意："是小桌子呀！你出来做什么？快回家吹空调吧，这里太热。"

"爷爷，我跟您说……"李卓凡刚一开口，眼睛就被那片草地吸引了，顿时把原本想说的话抛到了脑后。

草地周围立着一圈整整齐齐、不高不矮的木栅栏。木栅栏是用一块块木板钉起来拼接而成的，十几厘米高，跟草的高度持平，每一块木板的宽度都一致，木板与木板间的距离也均匀得像是用尺子量过似的。为了美观，每块木板的顶部都削出了尖角，乍一看，就像一根根直立的宝剑，疏密得当地排列在一起，忠诚地守护着这片草地。为了牢固，竖立的木板上还横向钉着两排窄木条，它们也整齐又均匀。木板纵横交织在一起，形成简约又别致的样式。

李卓凡激动得声音都变了，眼睛里闪着光："爷爷，这是您做的?！"

爷爷呵呵笑着："楼里有一户在装修，他们把不用的钉子、板子都直接当装修垃圾处理了。我去瞧了瞧，捡出来一些，正好给草地做一个小栅栏，这样能把草拦一下，而且还美观。"他似乎对自己的创意很满意。"刚才物业工作人员来看了，也说好。大家觉得好就好。"爷爷笑得五官挤成一团，像一个皱巴巴的核桃。

"爷爷,是物业工作人员请您做的吗?"

"不是,是我主动要帮忙的。"爷爷笑呵呵地说。

李卓凡心中暗暗惊叹。

李卓凡家居住的小区绿化还不错,楼间的空地上栽了很多树,这些树的树冠已经长成了一顶顶绿伞;小区中心花园里开了一大片月季,红的、黄的、粉的,花朵层层绽放,娇艳绚丽;步行小道弯弯曲曲地在绿草间穿行,时隐时现。这片草地的麦冬草又高又密,草茎歪斜着入侵到旁边的步行小道上,妨碍人们行走。于是小区物业人员绑了一根绳子,把麦冬草拦了起来。但是这绳子太煞风景了,李卓凡想过,要是能修一个小栅栏就好了,没想到竟然跟爷爷想到一起去了。别看爷爷话少,可心里真是有数。而且,他真了不起呀,竟然勇敢地向物业工作人员毛遂自荐。

李卓凡发现爷爷手里拿着一个造型奇特的工具,身旁的板凳上放着一段方方正正的长木头,脚下是一卷卷木屑。

爷爷指指手中的工具:"这叫刨子,做栅栏用的这些木头,得用它来刨平、刨光。"爷爷俯下身子演示:刨子放在木头上,用力一推,一卷卷刨花便飘落下来。

李卓凡开心得手舞足蹈："哎呀，真有意思！爷爷您真是太棒了！"

李卓凡终于想起自己要说的话，他刚要张口，一位物业工作人员走了过来。那位小伙子说："大爷，这小栅栏做得真漂亮，真是辛苦您啦！今天做不完明天再做吧，不着急。"

"还有一会儿就完工了，不用等到明天。"

"行，大爷，那您别累着，我去给您拿瓶水。"小伙子不一会儿就把水送了过来。

盛夏的六点钟，太阳还霸道地在天空中盘旋，不肯落下去。李卓凡在外面待了一会儿，额头上全是汗，人似乎又黑了一些。

李卓凡身材纤瘦，皮肤黝黑，两个招风耳支棱着，笑起来憨憨的，跟他爸爸小时候一模一样。爷爷恍惚了一下，随即把头上的草帽摘下来，戴在了李卓凡的头上。他不住地在心里埋怨自己，竟然忘了早点儿把帽子给孩子戴上。都怪自己，这些年从没跟孩子生活在一起，从没照顾过他，一下子住到一起后，处处不习惯。尽管心里很想疼他、爱他，但做出来总是那么笨拙。爷爷暗暗感叹："小桌子真是个好孩子，聪明、懂事、知道心疼人，我也得学着做一个称职的好爷爷。"

李卓凡想对爷爷说的,的确是一件大事。

今天在营造社的课堂上,宋老师讲的是四合院的木装修。在四合院营造过程中,大木作完成后,就是垒砖砌墙、屋面①,这时四合院的整体框架已经有了。接下来就是小木作了,又称木装修:垂花门、栏杆、槛框、门扇、窗扇、楣子,以及房间里的隔断、天花藻井、家具等。小木作的构件比较精细,对工艺要求更高,比如菱花窗,上面精巧的图案全是用一根根小木条拼接而成,其中要用到几百个榫卯。有的四合院的楣子、枋板、隔断、碧纱橱和家具上还雕着花草、云团、蝙蝠、果实等图案,表示"百事如意""福庆有余""锦上添花"之意。这些图案都是木匠一刀一刀在木头上雕刻出来的。小木作的木匠除了木工手艺精湛,还要有一手好雕工。

宋老师说,在四合院的修缮中,小木作也是非常重要的一环。平日里人们会定期对大木作进行检修,以免房子倒塌,而对小木作并不在意。时间一长,四合院槛框变形、构件松动、木雕损坏、木材开裂的情况比比皆是,需要木工花大力气进行修复。就拿现在正在修缮的落花胡同 40 号院来说吧,有一个垂花门破损严重,经过研判后,原有的垂花门只能收藏保护起

①盖房子时,在草、席上面抹灰和泥土做成房顶底层。

来,而后再在原址按原样重建一扇新的垂花门。但因为修缮工人中木工数量少,40号院修缮工期超出了预期。

在大家的一片惋惜声中,宋老师也很感慨,他说现在年轻人都不爱学手艺,觉得苦、脏、累,手艺精湛的木工越来越少了。要是有更多好手艺的木匠,修缮工作就不至于如此捉襟见肘了。

李卓凡脑子里顿时迸出一个想法:爷爷不就是一个优秀的木匠吗?他正在家里闲得无聊,或许可以去帮忙呢。李卓凡越想越为自己的主意得意。爷爷当了一辈子的木匠,技术娴熟,拼榫卯积木时双手灵巧如飞,家里松动的餐椅、高低床都被爷爷修好了。或许,爷爷就是宋老师需要的那个人。

下课后,李卓凡走到宋老师面前,开门见山地问:"宋老师,您是需要木匠吗?"

宋老师看着眼前这个表情一本正经的小男孩,露出了微笑,然后认真地说:"是呀。你有什么想法吗?"

李卓凡说:"我认识一个手艺很好的木匠。"

"是吗?谁呀?"宋老师说。

"我爷爷。他刚从农村老家来,当过几十年木匠,手艺特别好。"

男孩眼中的执着和热切让宋老师心中暖暖的。他笑着对男孩说:"好呀,有机会你可以让我们认识一下呢。"

"真的吗?太好啦!谢谢宋老师!"李卓凡对宋老师深深地鞠了一躬,欢快地离开了。他太开心了,身体轻盈得像要飞起来。他恨不得脚下生出风火轮,赶快飞回家去,把这个好消息告诉爷爷。

但当李卓凡在饭桌上把这个天大的好消息广而告之时,爸爸一盆"冷水"浇了下来,这让李卓凡不知所措。

爸爸都气笑了:"开什么玩笑,简直是瞎胡闹!木工是木工,古建筑修复是古建筑修复,两个完全不同的领域,风马牛不相及。"

爸爸那嘲讽的冷笑让李卓凡觉得自己被当成了什么都不懂的傻瓜,顿时很委屈。爸爸怎么能这么武断,宋老师都说想认识一下爷爷,对爷爷很感兴趣呢!

妈妈给李卓凡帮腔:"怎么风马牛不相及了?不都是木工活儿,需要木匠去做吗?"

爸爸瞪了妈妈一眼,不耐烦地说:"小孩子胡闹,你怎么也跟着瞎起哄?古建筑修复是普通的木工活儿吗,是要按照古法来做的,专业着呢!从事古建筑修复的木匠也不是普通的木匠,人家都是通过了专业考试,有资质的。你以为是个木工就能去做古建筑修复呀?"

爸爸的话让李卓凡很生气。他话里话外分明在贬低爷爷。在他眼里,爷爷只是一个不起眼儿的乡下木匠,根本没有资格去做古建筑修复的工作。李卓凡替爷爷反驳爸爸:"不试试怎么知道不行?爷爷每天晚上都看《营造法式》,里面的东西他全懂。爷爷在草地那里做的小栅栏特别好,物业工作人员都夸呢!"

爸爸摇摇头,不屑地叹口气,用筷子夹了一大口菜送进嘴里,"咔哧咔哧"地嚼着,传达出的意思是:你们什么都不懂,我懒得再跟你们掰扯!粗线条的他完全没有注意到,此时的爷爷低着头,神情凝重地把碗里的饭一小口一小口送进嘴里,身体僵硬得像是一座雕像。自从李卓凡开启这个话题后,爷爷还一句话都没说过呢。

妈妈在饭桌下面踢了爸爸一脚,爸爸这才反应过来,自己刚才的话太过分了,已经伤害到老父亲了。他连忙挽救:"爸,我不是那个意思……古建筑修复太专业了,不是随便什么人就能做的……"爸爸话刚出口就后悔了,真是胡言乱语,越描越黑。

爷爷依旧低着头，神情凝重地吃着饭，瘦削的后背弯得就像一张弓。

妈妈连忙转移话题："周末咱们去故宫吧，都说了好久要去了。"

李卓凡接到妈妈递过来的眼神，一下子就明白了。他连忙对爷爷说："爷爷，咱们周末去故宫吧，您不是一直说想去故宫吗？"

爷爷终于缓缓地抬起头来，笑意勉强地说："好，好。但你们平时上班的上班、上课的上课，周末再去故宫，太累了。"

爸爸赶紧找补："一家人出去玩，高兴还来不及，怎么会累呢？"

这场家庭战争终于宣告结束了。李卓凡夹了一箸菜，放进爷爷的碗里，爷爷对他笑笑。李卓凡很心疼爷爷，爷爷看上去在笑，可笑容里分明带着苦和涩。

晚上，爷爷又失眠了。为了不吵醒上铺的李卓凡，他轻轻地、轻轻地翻身。但他越翻身，睡意越淡，四肢酸胀得不知道要往哪儿放。他脑海中的思绪越飘越远，最终仿佛飘出了身体，不知飞向何处。

他知道孩子们孝顺，他们担心饭桌上的话伤了他。但其实他这一辈子，什么没经历过，怎么会因为几句话就受伤了？他刚才并没有生气，而是小桌子的话触动了他。

其实这些年他在农村零零碎碎干过不少古建筑修复的活儿，在乡下也算是有名的木匠了。他记得修一座古县衙时，四合院的一根大梁和一根柱子糟朽了，他和工友们便把大梁糟朽的部分剔除，用木板包镶起来，还对柱子进行了墩接。这样不但牢固，还省时、省工、省钱。那个古县衙木窗上的花纹很好看，叫步步锦，可惜断裂不少。于是他做了几百个指头大小的榫卯，做得眼睛都花了，终于把木窗修好了……

垂花门嘛，他没修过，但他在一个老宅子里见过。垂花门就是门上的檐柱不落地，而是垂吊在屋檐下，下端呈垂珠状。匠人们在垂珠上雕出花的形状，就有了"垂花"之称。垂花以莲瓣最为常见，还有花萼云或石榴头，层层片片的花瓣包裹在一起，好看极了。想把垂花雕刻好，必须有一手好雕功才行。

爷爷心想：自己刚过六十岁，一点儿都不老，不能就这样荒度余生。等腿养好些，他就离开北京，到古建队打工去。外县有个古建队，前几年请他修过一个关帝庙，他可以问问那里还需不需要人。

儿子说，当古建修复匠人需要资质，那就是要像学生一样考试呗? 他这些年就是零星干一些古建筑修复的活儿,从来不知道还有这样的考试。不知他这个岁数,还能不能参加考试,也不知道能不能考过……

爷爷想着想着,晨曦已经透过窗帘照进房间。天,又亮了。

第十五章
故　宫

李卓凡和爷爷站在午门的燕翅楼上，向北俯瞰，由黄色琉璃瓦铺就的屋顶在天空下层层叠叠，被阳光照耀着，金灿灿的。此刻，李卓凡的耳边仿佛响起一首华丽、庄严的乐章，乐声在周围飘荡着，像是一条矫健的游龙，又像是一片深邃、蔚蓝的海洋。李卓凡仿佛变成了一只鸟，正轻盈地展翅飞翔；仿佛化成了一缕风，在山谷中尽情地呼啸。

怪不得宋老师说"建筑是凝固的音乐"呢。宋老师还强调，这话不是他原创的，而是一个叫谢林的德国哲学家发出的感慨。

细细看去，那一片琉璃屋顶并不是毫无章法的，它们整饬有序、错落有致。中轴线上的太和殿、中和殿、保和殿浓墨重彩，高大雄伟，奠定了乐章恢宏的基调；中轴线两侧的宫、院、门、廊、亭、台、楼、阁,就像乐章上或活泼灵动或庄严平静的音符,点缀在乐章中更显华美多姿。

在炫目的黄色屋顶之下,大片红色扑入眼帘。红墙、红柱、红门、红窗,明艳热烈。这毫不做作、毫无掩饰的红,让人想到高亢华丽的咏叹调。只有绝世歌姬才能完成这样的表演,其他人只能乖乖拜倒在她的膝下,虔诚地聆听她的吟唱。

来燕翅楼上游玩的孩子不时在家长的指挥下站到城墙上边拍照留念。爷爷这才想起来,他也要给李卓凡拍几张照片。李卓凡说不拍,之前来故宫早就拍过了。他说:"爷爷,我给您拍。您站到那边去!"爷爷乖乖地站过去,身后就是金碧辉煌的宫殿。"爷爷,笑一笑。"李卓凡对着相机指挥着爷爷。爷爷不自然地咧着嘴想做出笑的样子,可他浑身上下仿佛凝固了一般,四肢和五官早已不听使唤。

自从踏进故宫的大门,爷爷心中就像海浪一般不停地翻涌。

刚才爷爷登燕翅楼的时候,双腿一直在发抖,打了好几个趔趄。在看到那片熟悉的、耀眼的金黄屋顶时,他几乎要窒息了。他的大脑已经停止了运行,思绪也冻结成冰,一瞬间,竟然什么感触、念头都没有了。他不知道自己是不是想起了四十多年前的场景,也不知道此刻自己是高兴、伤感还是悲哀。他就那样呆呆地、愣愣地、傻傻地、麻木地看着眼前的一切。李卓凡的声音像是从遥远的另一个世界传来,爷爷只是机械地配合着他的拍照指令,像是一个没有情感和灵魂的木头人。

沿着故宫的城墙,可以从燕翅楼一直走到东南角楼。李卓凡给爷爷拍完照,沿着城墙往前走,爷爷便沉默地跟着他。

故宫里树少,太阳当空炙烤着,又热又晒。走在城墙上,却能感受到凉爽的风。城墙上的视野比燕翅楼的还要好,俯瞰着故宫,李卓凡发现故宫虽然建筑物众多,但是它其实可以被切分成一个个小院子。一个个小院子彼此连接、延伸,便形成了一个大院子。怪不得有人说,故宫是全中国最厉害的四合院!

前面就是东南角楼了。角楼矗立在故宫城墙的东南角,镇守着这座古老的宫殿,里侧是深深宫苑,外侧是宽阔的护城河。角楼造型奇特多变,中间为方亭式,面阔三间,四面明间各加抱厦一间;三层复合式歇山屋顶,皆覆明黄色琉璃瓦;最顶层的两个歇山顶呈十字形相交,又叫十字脊。屋角檐牙交错,玲珑飞翘,像是一只身姿优雅的大蝴蝶。故宫城墙有十二米高,角楼高度近二十米。从远处看去,角楼显得轻盈飘逸,仿佛不知何时,这只大蝴蝶就会飞离短憩的枝头,凌空舞蹈,御风而行。

角楼的墙体、柱子、门扇皆是朱红色，与屋顶金黄色的琉璃瓦之间有一个彩条，那是额枋和斗拱上的雅伍墨旋子彩画。柱脚处一圈晶莹剔透的白玉，是环绕角楼的汉白玉栏杆。角楼的三交六椀菱花隔扇门和槛窗十分精巧，柔媚婉丽、沉稳大气。

李卓凡走近了，看到角楼前面有几个外国人，一个清瘦的年轻人正在为他们讲解。咦，这不是宋老师吗？

"宋老师！"李卓凡喊道。

年轻人扭过头，看到李卓凡，笑着走过来："李卓凡，好巧！你也来逛故宫呀？"

"嗯，我们全家来玩。爸爸妈妈去逛珍宝馆了，我和爷爷登上城墙看看。"李卓凡兴奋地把爷爷介绍给宋老师，"宋老师，宋老师，这就是我爷爷！"

眼前的老人皮肤黝黑粗糙，头上戴着一顶黑色遮阳帽，短袖衫、裤子、运动鞋也都是黑色的，与眼前明艳的城墙形成鲜明的对比。老人见了陌生人有些拘谨，客气地点点头。宋老师看着这位老人和一脸热切的李卓凡，猛然想起了这孩子曾对自己说过的话。他笑着走上前，向老人伸出了手："李爷爷您好,听李卓凡说,您的木工手艺高超。"

老人家慌乱地握住了宋老师的手,有些难为情地说:"乡下木匠的手艺,上不了台面……"

爷爷不知道接下来要说什么,脑子里一片空白。在这位帅气的年轻人面前,他觉得很紧张,一心想着这个年轻人是小桌子的老师,自己千万不能给小桌子丢脸。

不料年轻人和气得很,脸上的笑容也很真诚,说出的话更是让他浑身一震。年轻人说:"匠人怎么了?这故宫不就是匠人一砖一瓦、一石一木建起来的?中国的匠人,是一群平凡又伟大的人。就拿这角楼来说吧,巧夺天工、精妙绝伦,其中的学问,专家可没有木匠懂,还要向木匠请教呢!"

李卓凡突然想起一个十分重要的信息,插嘴道:"宋老师的爷爷是古建筑专家,还修过故宫的角楼呢。宋老师,您的爷爷修的是不是就是这个角楼?"

宋老师谦逊一笑:"可以这么说,但是又不能这么说。我爷爷在故宫古建部的工作以研究为主,真正的修缮工作是由匠人们完成的。"

听了宋老师的话,爷爷心中一颤。

宋老师说:"你们还要去其他地方游览吗?一起吧。"

李卓凡问:"那您的朋友们呢?"

宋老师说:"他们是国外的一个建筑考察团,主要是来考察角楼的。我给他们讲解完,任务就完成了。"宋老师故意开玩笑说:"你们想了解什么,或许我可以给你们当导游呢。"

"那太好啦!咱们走吧。"李卓凡喜出望外。有宋老师这样的专家当导游,今天这趟故宫真是没白来。

宋老师跟考察团的朋友打个招呼,几个人原路返回,从燕翅楼走了下去。他们穿过金水桥和太和门,前面就是太和殿广场,太和殿广场上矗立的当然就是太和殿了。太和殿广场宽阔壮丽,人走在广场上,小得像是一只只蚂蚁,只觉得腿不够长,步子迈得不够大,怎么走都走不到太和殿近前。

太和殿坐落在三层高的汉白玉台基上,在金色阳光的照耀下巍峨壮观。太和殿是重檐庑殿顶,这是中国传统建筑中级别最高的制式。两层屋檐下的斗拱和枋板上绘有金龙和玺彩画,这也是传统建筑彩画中级别最高的。金龙和玺彩画中,龙纹和主要线条贴金,在太阳的照射下流光溢彩、富丽堂皇。

宋老师说,古代匠人们技艺超群,将太和殿修建得十分坚固。但木材是有生命的,会腐烂、糟朽、干裂,还会被虫蛀,甚至历经火灾。六百年间,太和殿曾多次毁于火灾,又多次被修复。

现在的太和殿是三百年前重建的。三百多年间，匠人们会对它进行定期维护。仅仅在几十年前，曾有过一次大修。那次大修完全按照古法技艺进行，尽量减少人为的干预，最大限度地保留了文物的原貌。大修一修就是两年。两年后，太和殿重新揭开面纱时，所有人都惊呆了。修缮后的太和殿金碧辉煌、光彩照人，再现了鼎盛时的面貌。一座有着几百年历史的古老建筑，在能工巧匠的帮助下重获光华，延续了生命。

太阳当空照，蓝天白云下的太和殿像是一个沉默的巨人。宋老师用手在额头上搭了一个"凉棚"，他久久注视着眼前这座气势恢宏的建筑，感慨万千。"爷爷经常说，不遇良工，宁存故物。古代的匠人们把如此辉煌的建筑留给我们，我们的任务就是一代代接力，把它们维护好，也让传统营造技艺传承下去。但现今懂传统营造技艺的人越来越少了，我们肩上的任务很重呀。"宋老师眉头微微皱起，俊朗的脸庞上多了几分凝重。这样的话题在晴朗的夏日谈起，突然显得有些沉重。

"为什么呢？"李卓凡问。

"古建筑修复工作要靠匠人们完成。但这份工作又苦又累，收入还低，哪能留住人才？爷爷说，四十多年前，故宫曾经对外招募过一些工匠，还对他们进行过专业培训，但是坚持到最后的只有极少数，绝大多数人都中途放弃了，十分可惜。"宋老师叹了口气，"不过现在情况好多了，人们越来越重视古建筑保护了……"

年轻人还在说着什么，但爷爷已经完全听不到了。明明天气很热，他却觉得冷，冷得浑身发抖。他的思绪像千万缕线纠缠在一起，系成了无数个解不开的结。但他有一种预感，年轻人说的四十多年前的那批工匠与他有关。

当时他懵懵懂懂的，不过是想找一个挣钱糊口的营生，哪里想过什么高深的大道理。那时他只知道，翁师傅和宋大哥是业内专家，一般人是请不动的。所以二人能掏心掏肺地教他们，爷爷自然感激又认学。只可惜最后自己还是让两位老师失望了。

四十多年前他一去不返后，有一次从邻村做活儿回来，家人拿给他一封信，是从北京寄来的。拆开后，他发现是宋大哥写给他的。宋大哥在信里问他父亲的病怎么样，家里情况怎么样，什么时候回来。宋大哥还说，翁师傅很看好他，打算收他当徒弟。翁师傅身怀绝技，从不轻易收徒弟，一旦收徒弟时，还有专门的收徒仪式，徒弟要对师傅磕头、敬茶，师傅则会把木匠的传统工具鲁班尺、墨斗、刨子和拉杆钻送给徒弟，这四样工具分别象征着规矩、正直、努力和钻研。

看信时，他克制着双手的颤抖，看完就淡定地收了起来，装作什么事都没有发生。因为他怕自己会后悔，会脑子一热返回北京去。父亲看病欠的债还没还清，母亲又病了，弟弟妹妹们还要读书，他实在是脱不开身。他总认为，人这一辈子的命运是注定的，既然错过了，就代表没有缘分。他相信缘分，人生就是由一次次有缘相遇和无缘擦肩构成的，错过就错过了，没必要再纠结了。

这时，宋老师突然发现老人家不对劲。只见他脸色铁青，额头上沁出大滴大滴的汗，脚下站不稳似的，身子不住地晃，双腿一软，一个趔趄差点儿摔倒。

"李爷爷，您怎么了？是不是中暑了？"宋老师问。

爷爷定定神，虚弱地说："没事，没事。"

"这里太晒了，咱们到阴凉处休息一下吧。"宋老师示意李卓凡，两人一起扶着爷爷走。

爷爷挣开他们，反复说："我没事，真的没事。"

宋老师和李卓凡对视一眼，不再坚持。

爷爷心里的潮水不住地往上涌，都涌到嗓子眼儿了。他再也忍不住了，没头没脑地问："小伙子，你是姓宋吧？"

宋老师和李卓凡都愣住了。李卓凡想，爷爷是不是晒晕了，自己一直"宋老师，宋老师"地喊着，爷爷难道忘了？

宋老师虽然有些不解，但仍旧点点头说："对。我姓宋，叫宋洋。"

爷爷接下来的话更奇怪了，甚至有些冒昧。"小伙子，你爷爷叫什么？"他的嘴唇微微颤抖着。

宋老师又愣了一下，但依旧礼貌地回答："我爷爷叫宋崇华，毕业于清华大学建筑系，退休前在故宫古建部工作。"

爷爷的眼角倏地湿润了，声音急促而激动："他是不是住在一条叫南锣鼓巷的胡同里？"

"对，南锣鼓巷的雨儿胡同。"宋老师更疑惑了，"李爷爷，难道您认识我爷爷？"

爷爷哽咽了："我叫李旺秋，老家在山东乡下，不知道宋大哥是不是还记得我。"他抹了一下眼角，声音颤抖地说："四十多年前，他把我招到了故宫古建部工程队当木匠……"

宋老师和李卓凡都惊呆了。尤其李卓凡，他的心嗵嗵乱跳，脑子蒙蒙的，仿佛不认识眼前的爷爷了。在漫长的时间长河中，到底有多少故事被掩藏在泥沙之下？爷爷身上，究竟还隐藏着多少秘密？

第十六章
砖　雕

一把锋利的刻刀在一块五十厘米见方的青灰砖上蜿蜒游走,刀锋经过之处,粉尘四起。刻刀把砖面上多余的部分铲去,刻线和轮廓越发清晰,就像潮水退去,水中的礁石显露出来。

孩子们围在周围,一边看,一边窃窃私语。

"牡丹牡丹!是牡丹!"

"是牡丹呢,真好看!"

砖雕的手法集浮雕、透雕于一体,层次多,立体感强。在匠人精雕细琢之下,一朵牡丹在青砖上绽放着,花瓣层层叠叠。花朵下面的叶子烘云托月,将牡丹花衬托得越发娇艳多姿。

砖雕是北京四合院的常见装饰,多见于四合院的照壁、墙心、墙头以及墀头、戗檐①等部位。砖雕用的青灰砖是细泥方

①墀头即山墙伸出至檐柱之外的部分,戗檐则为墀头墙上的盘头。

砖,要经历选土、碎土、澄泥、熟土、制坯、晾坯等几十道工艺才能制成。烧制的窑也是专门的。烧制好的细泥方砖平滑无痕,用刻刀雕刻时不酥不脆、不松不黏、质地均匀、软硬适中。

这座位于北京郊区的小院子是一个砖雕工作室,院子里用钢板搭着一个凉棚,凉棚下就是砖雕车间。车间里面展示着各种砖雕作品,"凤戏牡丹""五蝠捧寿""岁寒三友""梅兰竹菊四君子""万字不到头",精美的花样和巧夺天工的雕刻技艺让人忍不住惊叹。车间角落里码放着一摞摞方砖,砖雕匠人凭借一双手就能让它们脱胎换骨,从泥与土变成古朴雅致的艺术品。

正俯着身子在操作台上雕刻"富贵牡丹"的张爷爷是知名砖雕匠人,他五十出头,头发半白,穿着一件垂到小腿的蓝色长褂,那是他的工作服。他在工作服外还套了灰色的套袖。天气很热,他的眼镜顺着鼻梁慢慢往下滑,都快滑到鼻尖上了,他都顾不得往上推一推,仍然一丝不苟地盯着操作台上的方砖。

李卓凡眼睛一眨不敢眨地盯着张爷爷,他还是不敢相信,眼前这位老人就是爷爷口中的"小老西儿"。

事情还要从爷爷跟宋爷爷的重逢说起。

爷爷带着李卓凡去南锣鼓巷雨儿胡同拜访宋爷爷。宋爷爷家是一个精致小巧的四合院,里面草木葱茏。宋爷爷头发稀疏花白,面色红润,慈眉善目,戴着一副金丝眼镜,说话慢条斯理,让人觉得亲切又舒服。他穿着丝质中式衣裤,脚上穿着一双黑色手工布鞋。李卓凡看着他,想到了鹤发童颜、深居简出的老神仙。

宋爷爷、爷爷、宋老师和李卓凡四个人坐在院子里的葡萄架下喝茶、聊天儿。两位老人聊起四十多年前的人和事,聊着四十年间各自的经历,聊着现在的退休生活。聊着聊着,话题就转到了故宫维修、古建筑修复和宋老师的四合院项目。葡萄架下,鸟笼里的鸟一开始叽叽喳喳地乱叫,后来仿佛也对他们的话题充满兴趣,于是安静下来,一丝不苟地听着。

宋老师说,工作人员在落花胡同 40 号院发现了一座砖雕照壁①。因为年代久远,照壁损坏严重,精美的檐不见了,须弥座②与壁身连成一体,并且已被涂抹上了层层水泥,变成了大杂院加盖房屋的一堵砖石墙。匠人们把涂抹在上面的水泥层

①宫殿、深宅大院等门外正对大门被当作屏障的墙壁。
②佛像的底座。

层清除后,发现了残缺不全的砖雕图案。

这个发现一下子与宋老师查阅到的资料对应上了。清嘉庆年间关于京城胡同的史料中记载,落花胡同浙江富商的大宅子里有一座精美的一字照壁,照壁平直硬山脊,仿木垂花檐,砖雕须弥座。照壁横向分为三段,"一主二从",中间高、两侧低,看上去错落有致。中间一段的砖雕图案是"富贵牡丹",左右两段的图案则是"梅开五福"和"竹报三春"。从四合院的结构来看,这堵"砖石墙"无疑就是史料中提到的那座美冠京城的砖雕照壁。

宋老师说:"这也印证了我之前的一个猜测。"

大家都很好奇是什么猜测。

宋老师说:"落花胡同 38 号院和 40 号院原先的规模比现在要大。"

大家都愣住了。

宋老师说,他查遍了嘉庆年间关于京城胡同的史料,也没有发现"落花胡同夹道"这条胡同,而参考史料中的落花胡同地图,落花胡同夹道应该是被浙江富商的大宅子包裹其中了。这说明,在大宅子的分割售卖过程中,靠近后墙的院落极有可能被分割出去了,这样夹道就会从宅子内部的通道变成宅子外面的胡同,也就是现在的落花胡同夹道。

李卓凡完全听不懂宋老师在说什么,但是宋爷爷和爷爷分明已经懂了。

宋爷爷点了点头,说:"有道理。过去富贵人家建大宅子,会在后墙处建一些相对独立的院落,方便仆人居住。有的还在后墙处建后门。这些院落与前院有夹道及角门相通,十分僻静。随着时代的变迁,这些院落被分割售卖出去,这样原本的院内夹道也就变成了院外夹道。"

爷爷说:"过去乡下大户人家也这样建房子。兄弟们分家后,就把原来相通的小门一堵,再重新开个门,一家就变成好几家了。"

宋老师很得意,但同时又很谨慎:"我再找一些资料,这样就能更确凿了。"

李卓凡还是没听懂,但他的思绪跟着大家的话题又回到了砖雕照壁上。

宋老师说,这次修缮 40 号院,照壁幸运地重见天日,照壁上的砖雕也有望恢复。但是到哪里去找手艺高超的砖雕匠人呢?

爷爷便向宋老师推荐了他认识的砖雕匠人"小老西儿"。

"小老西儿"姓张,叫张万顺,山西人,祖上曾是皇宫里的砖雕行家,后来全家流落到了山西。爷爷三十年前在浙江打工,建一座园林,在工地上认识了他。午饭时,工匠们一人捧一只大碗,蹲在地上,边吃边聊。"小老西儿"说他的祖上是在皇宫里做砖雕的,大家都笑。他便去旁边做饭的棚子里拿了一根白萝卜,从口袋里掏出一把小刀,把萝卜缨子削去,然后用刀一刀刀旋出一朵萝卜花,大家都不说话了。

但自从在浙江分开后,爷爷就再没跟他联系过。听说他后来发展得不错,砖雕技艺练得炉火纯青,已经成"大师"了。

爷爷说这番话时,宋爷爷像个小学生一样专注地听着。听罢,他说:"的确如此。过去的砖雕匠人,春夏秋三季在工地上干活儿,冬天太冷,没法儿干活儿,就沿街卖萝卜,所以砖雕匠人刻得一手好砖雕,也能刻得一手萝卜花。所谓'二把刀',就是这么来的。"

李卓凡觉得新鲜有趣,原来"二把刀"是这么回事呀。他对宋爷爷佩服得五体投地,真不愧是大专家、大学者,知识太渊博了!

宋爷爷让宋老师好好儿找找爷爷说的这位砖雕匠人。种种原因导致不少技艺精湛、家学深厚的宫廷匠人流落到了全国各地。他们的后代中有不少继承了祖业,找到他们,营造技艺也能重新焕发生机。

后来宋老师一查找,张万顺果然已经成了砖雕大师,而且特别凑巧,他已经定居北京,还在北京郊区成立了一个砖雕工作室。宋老师便找上门去。没想到,张爷爷不但接受了宋老师修复砖雕照壁的委托,还让他带着孩子们来工作室参观,于是便有了今天的砖雕课。

张爷爷性格爽朗,贴心地给每个孩子都准备了几块小小的青灰砖、一套砖雕工具,让大家能够体验一下砖雕的乐趣。孩子们在青灰砖上切磋琢磨,兴致盎然。大家用的都是最简单的阴刻法,有的在砖上刻自己的名字,有的在砖上刻几何图案。韩天骄最厉害,他刻出了好几朵绽放的花朵,惹来一片赞叹声。孩子们玩得不亦乐乎,都嚷嚷着要把自己的作品拿回家留作纪念。

宋老师跟张爷爷在工作室外面谈论砖雕照壁的事。李卓凡一边刻,一边竖着耳朵留意着张爷爷和宋老师的谈话。他远远就听到张爷爷的大嗓门儿了:"小宋老师,你就放心吧,这三块砖雕,我一定完成得漂漂亮亮的。"

宋老师发现李卓凡"一心二用"了,不住地朝他招手,示意他过去。李卓凡放下手里的青灰砖和刻刀，向宋老师走了过去。

原来是张爷爷要见他。张爷爷笑呵呵地看着李卓凡，用一口带着山西口音的普通话说："小家伙，听宋老师说，'山东佬'是你爷爷？"

"小老西儿"和"山东佬"，这两个名字真对仗，看来张爷爷跟爷爷的关系很不错。李卓凡差点儿笑出声，但还是乖巧地对张爷爷点了点头。

张爷爷感慨着："哎呀，我跟那家伙三十多年不见了，没想到他现在也在北京呢。"他看着李卓凡，用熟络的语气说："这次他怎么没一起来，怕见我呀？回去跟老家伙说，让他有时间来看看我。我太忙了，可没工夫去看他！"

李卓凡不住地点头。他已经喜欢上这个粗枝大叶但又心灵手巧的张爷爷了。

张爷爷爽朗地说："小家伙，你的爷爷是我的救命恩人。我年轻时有梦游的毛病。一次我们做工时睡在房顶上，我又梦游了。要不是他，我就直接从房顶上摔下去了。"

李卓凡和宋老师都哈哈大笑起来。

张爷爷看着李卓凡，眼神变得很温柔，声音也温柔了："你

修缮后的太和殿金碧辉煌、光彩照人，再现了鼎盛时的面貌。一座有着几百年历史的古老建筑，在能工巧匠的帮助下重获光华，延续了生命。

爷爷真是一个好人。我走南闯北这么些年,他的手艺和人品都是这个——"他竖起了大拇指:"那些年手艺人苦呀,我差点儿就放弃砖雕了,是李大哥让我千万不要放弃,一定坚持下去,把先人留下来的技艺发扬光大。要是没有他,绝对没有今天的我。我这辈子真心佩服的人不多,李大哥算一个。"

李卓凡很震惊,真没想到,爷爷竟然是张爷爷的偶像。爷爷究竟还有什么"丰功伟绩"是自己还不知道的呢?

张爷爷心情很好,话匣子也打开了。

三十多年前,张爷爷和爷爷在浙江一起建一座仿古园林。园林所在地过去是个旧花园,里面有个老花厅,歪歪斜斜的,管事的决定拆了。爷爷提议先别拆,可以用打牮拨正的办法试试,过去有这个法子。管事的同意了。死马作活马医。听说爷爷能把歪歪扭扭的房子弄正,大家都抱着看热闹的心态观望。可爷爷真的硬生生把歪歪斜斜的花厅给弄正了。没有落架拆除,墙面都没动,帮园林方省了一大笔费用。后来经文物部门鉴定,这座老花厅是文物,过去一个大人物曾经在这里读过书。园林方和文物部门要表彰爷爷,但爷爷拒绝了。他说他其实并没有十足的把握,只是根据别人说的方法侥幸成功了。花厅是先人留下来的,拆了太可惜,能保就保。知道这件事的人没有一个不为爷爷拍手叫好的。

宋老师激动得声音都提高了："打牮拨正？这可是古建筑修复中的一门绝技！我只是听过，都没亲眼见过。爷爷说，过去故宫的翁师傅会打牮拨正。现在都没几个工匠会这门手艺了。"

"宋老师，什么是打牮拨正？"李卓凡问。

"记得我之前讲过吧，中国传统建筑以木材为主体，木材与木材间用榫卯连接，整体负重能力强，能承受一定的变形。这使得它们在发生歪斜或沉降时，可以用解除某个部件负重的方式让大木归安。"他突然想起了什么，兴致勃勃地说，"落花胡同 40 号院三进院的东厢房发生了 15 度的倾斜，我们曾经想过用打牮拨正的方式尝试修复，但没人会这项绝技，或许这次可以请李爷爷来指导呢！"

"真的吗？"李卓凡激动得声音都变了，"爷爷一定会很开心的！"

"这样身怀绝技的老匠人，是整个行当的宝贝。如果他愿意来指导，我们求之不得呢！"宋老师满脸热切。

张爷爷也很高兴："小宋老师，你真是慧眼识英雄。李大哥这样的好工匠，不让他发挥余热真是太可惜了。"

宋老师不住地点头。

　　张爷爷看着李卓凡，一字一顿地说："孩子，你的爷爷是一位了不起的木匠。"

　　李卓凡心里热乎乎的。

第十七章
惊　喜

下午的营造社活动,韩天骄缺席了。他今天心情不好,不想去上课。

这几天,奶奶一直在跟爸爸通电话。虽然每次打电话时奶奶都会刻意避开韩天骄,但韩天骄又不是小孩子,以他的聪明才智,电话内容早被他猜得八九不离十了。

韩天骄之前从没想过,天气预报中的一场风、一场雨,会在他的生活中留下什么痕迹。但当这场风雨降临在深圳,并且是强台风和大暴雨,即使离着十万八千里,他的生活依旧被撕成了一地碎片,留下了满地狼藉。

八月中旬,强台风和强暴雨袭击了深圳,爸爸的民宿生意损失惨重。海边的民宿被台风卷起的海水倒灌、被狂风摧毁,山里的民宿遭遇了山体滑坡和泥石流,不但之前的成本收不回来,刚投入的那笔资金也打了水漂。

爸爸真是天底下第一倒霉蛋儿,运气实在太差了。

他和奶奶在电话里一直说着抵押房子的事。北京的这个房子,是他们的家,抵押出去后,他们就没家了。用安稳的家作为交换,爸爸能换来一笔钱。这笔钱说是救命钱也不为过,坍塌的民宿要修复,损坏的物品要购置,顾客要精心维系……灾难过后,一切都要重新开始。

今天的天气异常得热。早上太阳从地平线上升起来时,就已经成了一个火球,肆无忌惮地把一缕缕火星喷射下来,似乎用火柴一点,空气都能燃起熊熊大火。一大早,几个西装革履、高傲冷漠的人闯入家中,用最挑剔、最尖刻、最冰冷的眼光审视着房子的每一个角落,仿佛他们才是这个房子的主人。他们离开时,奶奶跟着他们一起走了。她没说出去干什么,韩天骄也没问,其实他知道,奶奶是去办抵押房子的手续了。

临近中午,奶奶回来了,几乎是一瘸一拐、一步一挪地进门的。奶奶是老师,因为长期站着讲课,两条腿都患上了严重的静脉曲张。这几天的奔波劳碌,让她的病症加重了。

奶奶头发蓬乱,脸上满是汗,费力地挪进卧室。她躺到了床上,声音虚弱地招呼韩天骄去冰箱给她拿一瓶冰水。奶奶当了一辈子老师，几十年如一日留着整齐的齐耳短发，总是利落、整洁。而且不管天气多热，她从不喝冰水，只喝热水和凉白开。今天的她，显然已经累到极致，否则以她的要强和讲究，是绝不会让韩天骄看到她如此狼狈的模样的。

奶奶挣扎着起身，接过韩天骄拿来的冰水，一口气喝了多半瓶。她又挤出一丝笑容，说休息一会儿就好了，一会儿就起来做饭，不耽误韩天骄下午的营造社活动。

韩天骄心疼奶奶，想守在她身边照顾她，但心中莫名生出的一股愤懑的情绪让他浑身发抖，甚至快要哭出来了。他把自己关进了书房，想给爸爸打个电话，但是很快这个念头就被熄灭了。爸爸现在肯定很忙，有很多事情要处理，而且他一定非常狼狈，比奶奶还狼狈。他害怕听到爸爸消沉的声音，他担心自己会难过、失望，甚至厌恶。

奶奶或许已经接受了爸爸的失败，但是韩天骄还没有。他没有办法接受爸爸再次从高处跌落，生活再次脱轨。

他看着书桌上摆放着的四合院模型和砖雕小样，心中悲凉得像茫茫冰原。他没有办法接受自己即将失去家、失去所有的事实。也许该流着泪祭奠这一切吧？但他发现自己哭不出来。

厨房里飘来阵阵香气,奶奶开始做午饭了。不一会儿,她的声音从外面传来:"天天,出来吃饭。时候不早了,上课要迟到了。"

　　韩天骄走出书房,来到客厅的饭桌旁。是麻酱凉面。刚煮出锅的手擀面,浇上香浓的麻酱,再拌上黄瓜丝、豆芽、笋丝、胡萝卜丝,清爽鲜香,是韩天骄最爱吃的。"快吃吧,下午还要上课呢。"奶奶说。奶奶的声音听上去毫无异样,仿佛什么事都没发生。饭桌上,奶奶一个劲儿地让他多吃点,这样下午上课才不会饿。韩天骄没说话,低着头呼噜噜地吃着面。他一个字都不想说,也不敢抬头看奶奶的脸。

　　刚才在书房,韩天骄就已经决定不去参加下午的活动了。但吃完午饭,在奶奶的催促下,他还是机械地换好鞋,戴好遮阳帽,背着书包走出了家门。

　　外面的热浪扑面而来,人像是待在一个大蒸笼里,连呼吸都会出汗。他有一种预感,此刻奶奶一定在楼上看着他,而且直到看到他走远了,她才会离开窗户旁。于是他继续往前走,装作去坐地铁。

　　该去哪儿消磨一个下午呢?韩天骄从小就是品学兼优的好学生,在逃课这件事上毫无经验。人都已经进地铁站了,他脑子里还是没有任何主意。等到他晕晕乎乎地出了地铁，发现惯性已经把他带到了落花胡同的胡同口，往前走不了几步，就是落花胡同社区文化中心了。

但今天他是绝对不会走进去的，于是便钻进了另一条胡同。他像真正的逃学少年那样，背着书包，踢踢踏踏、拖拖拉拉地走，随心所欲，漫无目的。看到胡同中的一条岔路，就走进去。胡同拐弯，他也拐弯；胡同向前，他也向前；胡同戛然而止，他便重新再选一条胡同。胡同带着他经过一条窄窄的夹道，夹道口有一座小小的院落，两扇小巧的如意门，如意门上有两个门簪，柿子树翠绿的枝叶探出院墙。他觉得眼熟，定睛一看，天哪，落花胡同42号，他明明觉得自己走很远了，但怎么兜兜转转，竟然回到之前的家了？

如意门开着，他轻轻一推，就进去了。

韩天骄的心怦怦跳起来。房屋经过修缮后焕然一新，房顶上的瓦整整齐齐，门窗、柱子光洁如新，墙壁和院子磨砖对缝、平平整整。恍惚中，韩天骄差点儿认不出自己以前的家了。但是看着院子里的柿子树，他知道，这里就是他的家。

以前，院子里的三间北房里住的是奶奶；韩天骄一家三口原先住在东厢房，他们搬走后，东厢房就空着；王奶奶住在西厢房;倒座房里是两家的厨房和储物间。每年秋天,柿子树上的柿子红得像小灯笼一样,王奶奶缝一个小布袋,用一圈铁丝把布袋口穿起来,再把这个布袋绑在长竹竿的一端,手拿着竹竿,用布袋套住一个柿子,轻轻一拧,柿子就离开枝头,稳稳地落入布袋里了。每年秋天,他们都能摘几百个柿子,左邻右舍都有份儿,有时还会晒成柿饼,送给大家。有一年,王奶奶还给身在法国的燕子阿姨邮寄过柿饼呢,小兰还打来越洋电话说"好吃死了"。

但是之前月台上摆放着的一盆盆绣球、太阳花、蝴蝶兰、海棠花不见了,月台上空空荡荡的,韩天骄的心也空空的。

韩天骄在这座小四合院里出生、长大。六岁时,爸爸做生意赚了钱,买了楼房,他们一家三口从这里搬了出去。搬家时是夏天,小兰正好跟着妈妈从法国回来过暑假,两家人一起庆祝他们的乔迁之喜。大家一开始都在笑,笑着笑着,奶奶和王奶奶就哭了。

但是搬了家没多久,妈妈就生病去世了。爸爸很少着家,于是韩天骄就交由奶奶照顾。奶奶有时住在新房子里,但她始终舍不下四合院,于是一星期回来住三四天。四合院离学校远,奶奶就每天接送他上学。奶奶没时间时,王奶奶就负责接送他。今年春天,胡同腾退疏解,王奶奶搬走了,他也跟着奶奶彻底搬到了楼房。

两次从四合院搬走,韩天骄都没什么感觉,不像奶奶,每次都流泪。可现在,看着熟悉又陌生的家,韩天骄心中波涛汹涌。他发觉自己强烈地想念着这里,虽然他此刻就在它的怀抱里。原来,这里才是他的家。原来,他跑来参加营造社的活动,根本不是因为什么建筑师梦想,而是因为活动地点离"家"近。他今天稀里糊涂地来到这里,也是"家"在强烈地召唤他呀!

虽然现在这里已经不是他的家了,但在他心里,它还是。这就够了。

想着想着,韩天骄突然哭了起来。

"韩天骄,你在这儿呢!"背后传来熟悉的声音。

他猛一回头,发现宋老师正朝自己走过来。韩天骄的脸腾地红了,恨不得立刻找个地缝钻进去。

宋老师笑呵呵地问:"韩天骄,想家了?回来看看?"

韩天骄很难为情,眼睛不敢直视宋老师。

宋老师跟他开玩笑:"你下午没来,损失太大了,错过了一个无比精彩又震撼的故事。"他故意咳嗽一声,又说:"不过呢,我正好在这里碰见你了,所以你的损失也不算特别大。"

韩天骄迷惑地看看宋老师,他这是在卖什么关子?

宋老师煞有介事地清清嗓子,像是要宣布一项无比重要的事:"这个故事,还与你有关呢……"

韩天骄急切地看着宋老师,分明在说:求求您了,别卖关子了,快说吧。

"我考证出你家这座小院跟 38 号院、40 号院,还有落花胡同夹道里的平房,两百多年前曾同属于一个大宅子。那宅子的主人是个浙江富商。"

"真的?"韩天骄瞪大了眼睛。

"嗯。"宋老师得意地点点头。

"宋老师,您确定吗?"因为太兴奋了,韩天骄反而觉得很紧张。他的家,原来还有这样精彩的故事呀。

宋老师说:"千真万确。我查资料的时候发现,两百年前那个浙江富商的大宅子规模比现在大得多,所以我怀疑,落花胡同夹道最初很可能是大宅子里的夹道,在大宅子分割售卖时,这条夹道也被分了出去。后来我沿着这个方向继续探寻下去,终于在一份光绪年间的契约文书里看到了重要记载。这份契约文书上写着,浙江一个商会从一位浙江籍商人那里购买了几间房产,房产位于浙江商人落花胡同大宅的后院夹道。购买后，商会在夹道处开了个门，而浙江商人则将靠近夹道的后门关闭，从此一宅变为两户。我继续查阅了光绪末年的北京地图，上面果然出现了一条叫落花胡同夹道的小巷。"

韩天骄听得入了神。

宋老师环视着院子："这个小院位于浙商大宅子的东北角。当初修建这样一个精巧又相对独立的小院子，很有可能是有专门用途的，比如招待客人，或用于主人静养。从大宅子里分割出来后，后院夹道的其他房子都损坏了，它却一直幸运而完整地保留了下来。"

韩天骄的脑子里各种思绪冲撞、跳跃着，原本的不快已被他抛到了九霄云外。他的家真不简单，顽强、坚毅，历经漫长的岁月与考验，才最终与他相遇。可惜，如今他们又分开了……

宋老师拍拍韩天骄的肩膀："等工人们做好油漆彩画，小院的修缮就完工了。那时你再来看，房子崭新、亮堂，比现在还好！"

韩天骄注视着他跟奶奶过去居住的北房，想象着它焕然一新的样子，又或者是在回忆过去。

宋老师冷不丁地问道："小院修好后，你们家有什么打算？"

"有什么打算？"韩天骄被宋老师问得一头雾水。他们已经搬走了，这里已经不是他们的家了，还能有什么打算？

"考虑搬回来吗？"

"什么？搬回来?！"

"是呀。根据最新政策，四合院的公房腾退后，原先住在这里的居民是可以根据个人意愿，申请搬回来住的。房子嘛，不只是一座建筑，更是人们生活的地方，是家。房子修好了，如果没有居民回来住，白白空着，一点儿人气都没有，一点儿家的感觉都没有，岂不是很可惜？"宋老师说。

韩天骄激动得心脏都要从嗓子里蹦出来了，此刻的他就像宝物失而复得一般狂喜不已。他一定要把这个好消息告诉奶奶，他知道，奶奶一定愿意搬回来。这真是今天，不，是这段时间最让人开心的消息了！

宋老师感慨道："这些四合院修好后，会有新的使命，我们会让它们派上各种用途，古老的胡同也会大变样的。"

"都有什么用途？"韩天骄问。

"很多。比如 38 号院修好后成了社区文化中心，人们可以来这里参加各种活动；有的院子可以建成创意工厂；还有四合院酒店、四合院民宿，太多太多了……"

"四合院民宿？"韩天骄激动得声音都变了。

"是呀。很多人都想体验一下住在北京四合院里的感觉，四合院民宿一定会受欢迎的。"

韩天骄激动不已，胸膛里像是有一只兔子蹿来蹿去。天哪，这么倒霉的日子里，他竟然听到了这样的好消息！这，大概就叫否极泰来吧！

他想对爸爸说，不，是对自己说：任何时候都不能失去希望，因为在你陷入绝境的时候，总有一扇窗为你开启。

第十八章
彩　画

今天宋老师带大家来颐和园,观赏长廊里的彩画。

阳光下的昆明湖瓦蓝瓦蓝的,清澈见底,像是一片蓝天。湖面上一艘艘画舫悠闲地漂过,在水面上划出粼粼波痕。透过东堤上轻拂的柳枝向北边远眺,佛香阁矗立在万寿山上,端庄、秀丽,仿佛在对着昆明湖水揽镜梳妆。向南看,是宽阔无边、蓝盈盈的湖水,仿佛与天相接。湖中嵌着几个小岛,小岛上的亭台楼阁依稀可见,恍惚中真会让人以为那是海中的仙岛。

宋老师带着大家从新建的宫门入园,不远处就是十七孔桥。孩子们围在十七孔桥下的铜牛旁边,一边拍照,一边嬉笑打闹。小兰闹得最凶,声音最大,嚷嚷着要穿过十七孔桥,到南湖岛上去。宋老师说,南湖岛和南边湖水中的藻鉴堂、治镜阁三座小岛,是仿照神话传说中的蓬莱、方丈、瀛洲三座仙山修

建的。小兰便起哄去"仙山"上看神仙。他一起哄,其他孩子也
吵着要上岛。宋老师只好同意了。

岛上绿树蓊郁,茂密的枝叶几乎遮挡了所有的阳光,风带
着湖上的水汽吹来,凉爽宜人。岛上真是个纳凉的好地方,怪
不得有那么多游客在这里休息。孩子们拾级而上,来到了南湖
岛最高处的涵虚堂。这里是欣赏颐和园风光的最佳地点。站在
涵虚堂外围的廊道上,草木丛生的万寿山、烟波浩渺的南湖、
座座精巧别致的石桥一览无余。

廊道上有几个大哥哥大姐姐在写生,他们画的就是湖对
岸的佛香阁。他们的水彩画画得真好,像是把万寿山和佛香阁
复制到了纸上,造型设计、色彩搭配全都一丝不苟、毫厘不差。
孩子们围着大哥哥大姐姐,对他们的画啧啧称赞。

南湖岛上有一个乘船码头。在小兰的"煽动"下,大家"得
寸进尺",又喊着要坐船游湖。宋老师带着大家坐上了游船。湖
光山色中,画舫就像游弋于画中一般,游客也成了画中的景
致。

原来坐船也有坐船的好处,画舫悠然地停靠在佛香阁前
面的码头上,一出来就是长廊。颐和园长廊有七百多米长,长
廊的枋板上绘有一万四千多幅彩画,有"花和尚倒拔垂杨柳"

"鲁智深大闹野猪林""草船借箭""三顾茅庐""孙悟空盗蟠桃""千里眼顺风耳",以及"一饭千金""张敞画眉"等故事画,还有花草树木、奇珍异兽等形象的彩画……宋老师说,这些彩画都是苏式彩画。

宋老师说,油饰彩画是中国传统木建筑的重要构成。匠人们会在木构件的表面加上一层油饰,既能对建筑起到保护作用,还有美化的效果。彩画大都绘制于枋板、垫板和柱头等部位,是对建筑的进一步装饰。根据建筑品级的不同,彩画分为和玺、旋子和苏式三种,和玺彩画级别最高,只能用在宫殿和皇家园林中,故宫太和殿的彩画就是金龙和玺;旋子彩画的主要图案是各种花瓣,常用于王府建筑中,故宫角楼的彩画就是旋子彩画;苏式彩画等级较低,主要用在官僚和百姓的宅院中,大部分北京四合院的彩画都是苏式彩画。

四合院在修缮时,绘制彩画是很重要的一项工作。绘制彩画的工匠在由砖灰、麻布纤维、猪血组成的地仗上,用油漆一笔笔涂画出精美的彩画,把四合院装饰得绚丽多彩。宋老师今天给大家布置的任务不只是要观摩彩画,还要每个人临摹一幅。说是临摹,其实就是涂色。但苏式彩画色彩艳丽、配色复杂,想涂好也不容易呢。

颐和园的长廊有七百多米长、一万多幅彩画,孩子们走马观花地看了一遍,就已经到中午了。

宋老师给大家留了一个小时的自由活动时间,可大家迟迟不愿动笔临摹。在小兰这个淘气包的撺掇下,孩子们一哄爬上了佛香阁。

站在佛香阁,整个昆明湖就在脚下。在阳光的照射下,湖面上波光粼粼,小小的画舫就像一片片树叶漂在水上。湖面上的水汽在阳光的照射下升腾出一缕缕薄烟,远处玉泉山上的宝塔在烟雾中朦朦胧胧。眼前的景象仿佛仙境一般。

从佛香阁下来,终于要开始临摹了。宋老师给每个人发了两张纸,一张是颐和园长廊的彩画小样,有牡丹、松树、仙鹤、孔雀、花鸟等;另一张是与这些小样对应的没有上色、只有图案线条的涂色卡。孩子们要根据彩画小样涂色,体会苏式彩画的造型特点和配色方式。

小兰的作品得到了宋老师的表扬,他涂得又快又好,简直像是彩色打印机打印出来的。小兰毫不谦虚:"我从小就喜欢画画,还是有一点儿绘画天分的。"大家都被他逗笑了。大家一笑,小兰人来疯的劲头上来了,干脆不再涂色,直接开始临摹起来。他手里捧着一个画板,一边仰着脖子观察长廊枋板上的彩画,一边在画纸上信手涂鸦,颇有几分大画家的做派。大家看到他的架势又大笑起来。

大半天的欢乐时光令小兰一整天都心情愉悦。傍晚回到家,小兰心中还停着一只快乐的小鸟,他不由自主地咧嘴笑,忍不住哼唱着歌,似乎稍微拍打几下翅膀整个人就能飞起来。

姥姥还没有回来,小兰突发奇想,决定画一幅画送给姥姥。小兰在北京的日子过得太梦幻了,几乎要把回巴黎这么重要的事忘了。可不是吗,现在都八月下旬了,暑假结束,他就要离开北京了。他人还没走,就已经开始想念姥姥了。姥姥这段时间一直照顾他,实在是辛苦了,小兰想把这幅画当成临别礼物送给姥姥。

说画就画,小兰画的是姥姥跳舞的场景。姥姥烫着波浪短发,穿着红色长裙、红色舞鞋,脖子上还戴着珍珠项链。她正在翩翩起舞。小兰想了想,又在姥姥头上加了一顶王冠。没错,在他眼里,姥姥就是一位了不起的、无比尊贵的女王!

姥姥回来了,她看上去心情也很不错。小兰还没开口问,姥姥自己就滔滔不绝地讲起来。她说今天下午落花胡同舞蹈队经过激烈的比拼,在全北京市广场舞决赛中获得了一等奖。多亏了大家在决赛之前刻苦练习、大胆创新,在广场舞中融入了芭蕾舞和民族舞的元素,她们才能在最后时刻逆风绝杀。

"哎哟,你都不知道有多险! 今天,所有的队伍都比疯了,各种绝招儿都使出来了,分数一个比一个高。一等奖有两个名额,二等奖有五个名额,可一共有二十支队伍呢,我们又是最后一个出场。如果不拼一把,二等奖也不见得能捞着。我是舞蹈队的队长,队长就得有队长的气魄和担当。我问大家'还拼不拼?拼了也不一定能有好成绩,但不拼肯定没有'。大家都说'拼! 都一把年纪了,拼一次少一次'。我说'行。既然拼,那咱们就把所有的本事都使出来,在舞蹈动作和队形变换上想出点儿新花样'。

"要不怎么说我们舞蹈队能人多、还团结一心呢? 就在后台候场的那么一会儿工夫,我们大致比画了几下,就编出几个动作,加了几个阵形。上场后,我们每个人心里都憋着一口气,跳得那叫一个齐,那叫一个有气势! 临时加的花样也一点儿没错。分数一出来,我的妈呀,第二名,只比第一名低了两分! 我们几个老太太像小姑娘一样,搂在一起又蹦又跳,笑得眼泪都出来了。哈哈哈哈! "

姥姥高涨的情绪感染着小兰,让他也跟着又笑又叫。

"哎呀,姥姥,早知道你们的比赛这么精彩,我就去给你们加油了。"小兰说。

"你忙你的。不是跟你说过嘛,决赛有电视台录播,到时候在电视上看是一样的,比在现场看还过瘾。"姥姥乐呵呵地说着,突然像少女一样害羞起来,"听说电视会把人拍得比真人胖,可千万别把我拍得像个水桶似的。"

小兰哈哈大笑:"电视播出时会加上各种舞台效果,拍出来都会比本人好看。"小兰在法国参加过电视台节目的录制,对这里面的艺术加工一清二楚。

"那是!我们上场比赛前,还专门请了专业的化妆团队呢。我们每个人都被化得年轻了十岁,一个个小脸溜光水滑、粉嫩嫩的。哈哈哈哈!"姥姥骄傲又开心地说着,"听说这周末电视上就播,到时咱们一起看,你评判评判,看看我们这一等奖是不是实至名归。"

"好呀好呀,一定是实至名归。"小兰说。

姥姥脸上的笑容突然消失了,叹了口气说:"可惜呀,你常奶奶不在了。要是她能参加决赛多好呀。"随即,姥姥的表情又生动起来:"这都是命!你常奶奶练舞最认真了,就想得奖。大家这一等奖,就是为她拼的,她泉下有知一定会高兴的。"

兴奋过后,姥姥的脸上现出一丝疲惫。她对小兰说:"今天的比赛真是累人,拼得太凶了,累坏了我了。晚饭不做了,你想吃什么,尽管点——外卖。今天是个好日子,老太太我高兴,咱们好好庆祝下。"

小兰一听这话,得寸进尺地问:"能点葱烧海参吗?"

"哈哈,小嘴儿真馋! 没问题。今天高兴,敞开儿了点,敞开儿了吃。一会儿咱们就点葱烧海参,还有砂锅鱼翅、干烧大鲫鱼,丰泽园的外卖,直接送到家里来。"姥姥豪气冲天地说。

"姥姥万岁! 姥姥万岁!"小兰开心地拍着手。

但是姥姥真的太累了,她靠在沙发上休息了一会儿,还是觉得乏,就起身走进了卧室。她对小兰说,她去眯一会儿,一会儿起来再点外卖。

小兰趴在客厅的餐桌上画画。随着太阳一点点落下,客厅里的光线越来越暗,小兰莫名觉得心紧揪起来。现在是在家里,有什么可害怕的呢? 他打开房间的灯,并安慰着自己,可能是自己一整天都太开心了,姥姥广场舞比赛又得了一等奖,两份高兴叠加在一起,所以刚才家里像过节一样。现在家里如此安静,自己有些不适应也很正常吧。嗯,就是这么回事。

小兰很为自己的分析感到得意。他觉得自己似乎长大了,明白了很多事。

小兰的画画好了，画里的姥姥又年轻又漂亮，王冠闪着金光，真是一个万众瞩目的女王。姥姥还在睡觉，但小兰等不及了，拿着画便去卧室找姥姥。

卧室里黑漆漆的，小兰看到姥姥静静地躺在床上，便喊道："姥姥，姥姥，起床了，我给你画了一幅画！"但是姥姥依旧一动不动地躺着。小兰打了一个冷战，"啪"地打开了灯。灯光下，姥姥的脸色惨白，比白纸还白，额头上全是汗，把头发都打湿了。小兰吓得扔掉了手中的画，大喊道："姥姥，该起床了！"说着用手推了推姥姥。姥姥微胖的身躯软绵绵的，像是完全没有知觉的样子，在小兰的摇晃下软趴趴地摆动着。小兰下意识地把手指放到姥姥鼻子底下，试图感受她的气息，但是什么都感受不到。

小兰吓得哇哇大哭。

第十九章
归 来

韩天骄对李卓凡说,小兰的爸爸妈妈回来了。

"他们是来接小兰回法国的吧,什么时候走?"李卓凡问。

韩天骄说:"不是不是。他们这次回来就不走了,小兰也不走了。"

两个人此刻正在一个冷饮店里喝冷饮。李卓凡听到这话,惊讶得从椅子上弹了起来,刚喝到嘴里的冷饮也差点儿呛到他:"什么?不走了?!"

韩天骄说:"嗯。小兰的爸爸妈妈决定回北京发展,以后就在北京定居了。小兰也在北京上学。"

李卓凡更吃惊了:"真的?!"

韩天骄说:"现在中国机会多,很多出国发展的人都回来了,不少外国人也来北京创业,小兰的爸爸妈妈也想抓住这个机会。他们决定回北京定居,开个法式餐厅、咖啡馆或者甜品店,应该都不错。"

李卓凡一向觉得韩天骄见多识广,因此对他的话深信不疑,一个劲儿地点头。

韩天骄喝了一口冷饮,噙在嘴里慢慢咽下去,顿了顿又说:"我觉得跟王奶奶生病也有关系。"

李卓凡再次惊讶得差点儿被冷饮呛到:"什么,王奶奶生病了?!"

"嗯。很突然。"韩天骄说。

李卓凡怎么也无法想象,一向开朗健壮、风风火火的王奶奶竟然生病了。韩天骄说:"是突发心脏病,抢救了好久她才醒过来,现在还在住院呢。"李卓凡觉得很意外,王奶奶那么活力四射的人,竟然浑身插满管子,在 ICU 待了好几天?

"咱们去看望一下王奶奶吧。"李卓凡提议,他的心还在颤抖。

"嗯,我也是这么想的,正想跟你商量呢。"韩天骄说。

两个孩子来到医院。病房里,小兰一家三口都守在王奶奶身边。再看小兰,简直像变了个人。只见他手里端着一碗鸡汤,一勺一勺地喂王奶奶喝,温柔体贴得像个小精灵。

王奶奶倒是一点儿没变，还是那么爽朗，一点儿不像刚得了大病的人。她中气十足地说："哎哟喂，孩子们，我没事，过几天就能回家了，回去又是一个活蹦乱跳的大活人！大热天你们还专门跑一趟干吗，看看脸上全是汗！不过你们来得正好，我正想趁机广而告之，请你们做个见证。燕子回北京发展可跟我生病一点儿关系都没有。是他们法国餐馆生意不好回来的，可不是我老太太可怜兮兮地需要他们照顾。"

王奶奶欺负小兰的爸爸中国话不好，总当着他的面就叫他"洋女婿"。小兰的爸爸保罗高大帅气，小兰完美地继承了他那白皙的皮肤、深邃的眼睛、高挺的鼻梁，只不过小兰的眼睛是黑色的，而他的眼睛是蓝宝石一般的颜色。他那么绅士、温和，笑眯眯地不说话，也不知道到底听懂了几分。

小兰的妈妈燕子阿姨爽利幽默，性格跟王奶奶很像，说起话来像一串珠子掉在地上，噼里啪啦、干脆利落。她对王奶奶说："行啦，老太太，改天我在电视上登个广告，再发发传单，让全世界的人都知道，我们是自愿回北京发展的，跟您没关系。成了吧？"

"这还差不多。我老太太一个人过惯了，不喜欢欠别人人情，怕你们到时候倒打一耙，说我老太太拖累你们。"王奶奶笑呵呵地说。

"行。您不拖累我们，从不拖累我们。您像太阳一样光芒万丈、引力无穷，我们都自愿围着您转。行了吧？"燕子阿姨跟王奶奶你来我往地逗嘴，病房里欢声笑语的，不知道的还以为走错地方了呢。

李卓凡和韩天骄看着他们一家人亲密的样子，既羡慕又感动。他们不想打扰王奶奶休息，于是离开了医院。

路上，李卓凡和韩天骄都不说话，各有各的心事。李卓凡想的是，他以后要对爷爷更好一些，让爷爷在北京的每一天都高高兴兴的。韩天骄心中则越发坚定了那个大胆的想法。

韩天骄回到家，奶奶正在沙发上呆坐着，她脸色苍白，一副默然又悲伤的样子，就像一座大理石雕像。

犹豫了好久，韩天骄对奶奶说："奶奶，爸爸他……可以像燕子阿姨那样，也回北京发展吗？"

奶奶一愣，没说话。

韩天骄见奶奶没有作声，继续说下去："奶奶，您知道吗，宋老师考证出，咱们的落花胡同 42 号院跟 38 号院、40 号院原来是一家，同属于一个浙江富商的大宅子。"

奶奶疑惑地看着韩天骄，下意识地说："哦，是吗？那咱们的小院可真不一般。"

韩天骄干脆把所有的想法都说出来："宋老师说,胡同历史悠久,人情味浓,故事多。落花胡同的四合院修好后,原来的居民可以申请回去住,有的四合院还会建成四合院民宿。很多人喜欢住在四合院里的感觉,所以四合院民宿一定很受欢迎。爸爸做民宿生意有经验了,为什么不回来做四合院民宿呢?到时咱们在42号院住,爸爸在40号院开民宿,多好呀!"

奶奶听韩天骄讲完,久久地沉默着。她起身往卧室走去,轻叹一声说:"看你爸爸的打算吧。"

奶奶虽然没有明说,但韩天骄知道,她内心是同意这个方案的。奶奶的背影看上去更单薄了,就像个小女孩。而他自己是个男子汉,应该保护奶奶,撑起这个家。

这些天爸爸没再打电话回来,奶奶也没打过去。在这种情况下,跟爸爸稍微保持一些距离,装作"不闻不问"可能更好。爸爸要强、爱面子,不愿意把最颓丧、最脆弱的一面展现出来,哪怕是对亲人。奶奶什么都不说,韩天骄便什么也不问,装作一切如常。

韩天骄到书房里打开电脑,检索"北京四合院民宿",一下子跳出来许多消息。果然如宋老师所说,四合院民宿很受欢迎。北京老城的胡同里有很多古香古色又修葺一新的四合院，它们的大门上挂着红灯笼，院子里种满花草、绿树，给人安静又闲适的感觉。有人特意大老远过来体验四合院民宿，还有人干脆长租下去呢。

宋老师和他的团队一定会把落花胡同40号院修复如初。等这里经营成民宿后，体验一定棒极了！到时候他们一家住在42号院，从落花胡同夹道的后门就能通往40号院的民宿，爸爸在那里忙活着，他和奶奶可以随时过去帮忙。

韩天骄越想越激动，浑身热乎乎的，太阳穴也突突地跳起来。爸爸真的可以在北京的四合院里重新开始呢！

冷静下来，韩天骄开始检索"深圳""台风""民宿"的信息。按下回车键的那一刻，他的手不住地发抖，一个个触目惊心的画面跳了出来：凌乱倒塌的房屋、山体滑坡后出现的泥石流、海岸上堆积的各种垃圾、倒得横七竖八的树木……韩天骄的心怦怦乱跳，但他还是一页一页地往下翻。翻着翻着，他慢慢平静了下来。

这么多天以来，他一直蒙上自己的眼睛、堵上自己的耳朵、关闭自己的思绪，仿佛只要他不看、不听、不想，这场灾难就会像没有发生过一样。但现在是时候面对这一切了。

书桌上放着一个相框，里面是一张他们一家人开怀大笑的照片。那时妈妈还没有生病，爸爸也还没有离开北京，奶奶还住在落花胡同 42 号院里。那时，每个周末，全家人都会出去玩——京郊的山里、家附近的景点、新开的饭馆、热闹的庙会，到处都留下了他们恣意的笑声。现在想想，真怀念那时的美好时光呀。

妈妈生病去世后，整个家就像缺了一块。这种日子里，剩下的三个人更应该彼此关心和支持，把缺失的那一块补起来，让每个人破碎的心都能弥合。这不就是家的意义吗？李卓凡一家和小兰一家不就是这么做的吗？只是自己太愚笨了，只顾着羡慕他们，只顾着维护那一点点自尊心了，现在才明白这一点。韩天骄一直认为自己是三个小伙伴中最老成稳重的，现在却觉得其实自己是最傻、最自私、最无知的那一个。

家就是一所房子吗？不是的。家是亲人在一起的依偎。只要家人在，家就在。宋老师不正在帮助大家修复之前的家吗？到时候胡同里的老街坊就能搬回来了，大家又能重新聚在一起，互相扶持、相亲相爱。韩天骄觉得自己更崇拜宋老师了，他以后也要当这样的建筑师，不仅为人们修建一座座房子，更要为他们营造起一个个温暖的家。

韩天骄看了看电脑上的时间，十一点半了，该准备午饭了。他关上电脑，去找奶奶。客厅里静悄悄的，奶奶还没起来。韩天骄突然一惊，脑子里闪过一道惊雷，王奶奶就是在睡梦中突然生病的！韩天骄浑身发抖，立刻推开了卧室的门，还好还好，奶奶蜷缩着身体，静静地睡着，单薄瘦小的身体轻微地一起一伏，像一个柔弱又安静的婴儿。

　　奶奶累了。她这棵参天大树，其实不过是一株柔弱的小草罢了，只不过小草努力挣扎着、虚张声势，让自己细弱的草叶变成了一把遮风避雨的大伞。

　　睡吧，让奶奶睡吧，今天的午饭，自己来准备。韩天骄轻轻地从卧室退出来，来到厨房。

　　麻酱凉面。他看奶奶做过好多次了，不难。把黄瓜丝、胡萝卜丝用醋汁和芝麻酱拌好；把水烧开，下面条儿，在沸水中捞一下就行。面条儿容易坨，不着急煮，等奶奶醒来后再煮也来得及。

　　趁着奶奶还在睡觉，韩天骄觉得还有一件重要的事要做——给爸爸打电话。

　　出事后他还从没跟爸爸联系过，他害怕听到爸爸的声音，不知道该如何面对他。但现在，他不怕了。

电话接通了,但是好久才传来爸爸的声音。电话里,爸爸的声音听上去有点儿疲惫和消沉,但更多的是惊喜:"天天呀……"

"爸爸……"韩天骄呼唤道。

四合院修复得很漂亮,崭新中透着古韵,新刷的红色油漆大门沉稳大气,苏式彩绘光彩照人,菱花窗上的花纹玲珑多变,抄手游廊上的吊挂楣子轻盈秀气,灰色的墙壁磨砖对缝光滑平整。

第二十章
过　年

落花胡同 40 号院的民宿开张了,经理是韩天骄的爸爸韩亮。院子里还有一个法餐厅,经营者是小兰的爸爸妈妈。

李卓凡第一次走进修缮后的落花胡同 40 号院,整个人都惊呆了。四合院修复得很漂亮,崭新中透着古韵,新刷的红色油漆大门沉稳大气,苏式彩绘光彩照人,菱花窗上的花纹玲珑多变,抄手游廊上的吊挂楣子轻盈秀气,灰色的墙壁磨砖对缝光滑平整。

一进院是一个休闲庭院,摆满了绿植,院子里有假山、亭子、流水、竹丛,还有几个年轻人不怕冷,在亭子里聊天儿、品茶呢。对着大门的墙壁上有一个"富贵牡丹"的三面砖雕照壁,中间那面上的图案是牡丹,左右两侧是菊花和荷花。这些图案都是张爷爷设计、雕刻的。张爷爷雕功精湛,每个来到院子的人都被这个砖雕照壁深深吸引着。

最让人拍案叫绝的是，休闲庭院的围墙上做了一个个玻璃橱窗，里面摆放的是榫卯模型、砖雕小样和彩画小样，都是营造社的孩子们贡献出来的。最引人注目的就是韩天骄拼的四合院模型。那是他在网上私人定制的落花胡同浙江富商大宅的模型。放在这里展示，真是再合适不过了。

穿过垂花门，二进院里的正房、东西厢房和倒座房被改造成了一个个房间，南腔北调的客人们进进出出，把这里当成了暂时的家。

穿过抄手游廊，李卓凡来到第三进院子。这里的倒座房和西厢房也是民宿房间，东厢房就是小兰爸爸妈妈经营的法餐厅。

李卓凡盯着东厢房看，实在无法想象爷爷是怎样把这个歪斜的房子打牮拨正的。现在的它端端正正、敦敦实实，谁能想到曾经的它摇摇欲坠呢。李卓凡问过爷爷，爷爷只是嘿嘿笑着，说这是老祖宗留下来的法子，论功劳，也是老祖宗的。

爷爷现在可不得了了，宋老师的四合院修缮团队聘请了他当顾问，韩天骄的爸爸也聘请了他当古建维修工，他每天忙得不可开交。李卓凡想见他，还得专门来现场找他。今天他就是来找爷爷的。爷爷定期来 40 号院检查一遍，瓦片有没有损坏，屋顶有没有漏水，柱子、大梁、窗户、门扇这些木构件有没有开裂……上上下下细细地检查一遍，爷爷才放心地离开。

李卓凡没看到爷爷，想着爷爷说不定已经检查完离开了。他刚要往回走，一个声音从他背后传来。李卓凡一回头，小兰从法餐厅里飞奔出来，一下子抱住了他："李卓凡，真的是你呀！好久不见，我都想死你了！"

"小兰你好，真的是好久不见了。"李卓凡也很激动。

小兰松开李卓凡，黑色的大眼睛里闪着兴奋的光："李卓凡，你来得正好，我和天天正商量，除夕夜在四合院里搞一个聚会，邀请小伙伴们都来参加。"

"除夕聚会？"李卓凡问。

就在这时，韩天骄不知从哪儿冒了出来："是呀。我和小兰正商量呢，到时候用气球、彩带把院子好好儿装饰一下。你会来参加吧？"

"当然来。我带着爷爷和爸爸妈妈一起来。"李卓凡说。他觉得这个主意棒极了。

"太好啦，人越多越好，那样才热闹！"小兰说。

"我们邀请民宿和法餐厅的客人们也都来参加，大家一起过年！"韩天骄说。

李卓凡不住地点头，已经开始期待那一天了。

是呀，过年了。

后　记

　　一有时间，我就喜欢去胡同里逛。北京老城的每一条胡同里都有说不完的故事。一条条小胡同纵横交错，编织成人们心目中最熟悉的北京老城印象。

　　说到胡同，不能不说四合院。如果说胡同是北京老城的毛细血管，胡同里的四合院就是一个个细胞。有了它们的存在，北京老城才活起来，京味文化也才能延绵不断、传承至今。

　　但是胡同和四合院绝不是"过去时"，而是"现在时"和"未来时"。一次我在东四附近的胡同里逛，胡同里曾经有一座显赫人物的大宅子，但是只剩下一个大殿和一棵粗壮的古树。这个大殿起初被后建的二层水泥楼压在下面、包裹起来，近些年进行胡同升级改造时，违章建筑被拆除，古旧的大殿才得以重见天日。如今,大殿就那样静静地矗立着,仿佛在对人们诉说着几百年来的沧桑巨变,也在诉说着充满无限可能的未来。

每次去逛胡同,都能发现新的变化。胡同和四合院经过修缮后,不仅改善了居民的生活条件,还有大量的公共空间被释放出来,丰富了人们的精神生活。如今,胡同里的特色书店、剧场、餐厅、茶馆、文化中心等,都是由之前的四合院改造而来,吸引了八方来客,也成了北京胡同崭新的名片。

我特别喜欢去的一个市民文化中心就位于一个四合院内。经过修缮后的四合院古香古色又充满现代气息。因为举办的活动丰富有趣,这里长年聚集着很多孩子,有的孩子一来就是一整天。现在仍有很多孩子住在胡同的四合院里,但随着胡同和四合院的升级改造,他们的生活也在一点点发生变化。

我经常会想,不知道这些孩子是如何理解胡同和四合院的,但毫无疑问,肯定跟老舍先生笔下的不同。但他们心中的四合院跟老舍先生的四合院一起,共同构成了北京四合院的一部分。

我曾经专门留意过,北京有一个与中国传统建筑有关的兴趣小组,孩子们在这里能学到四合院的建筑知识。这些孩子,有被父母送过来的,有跟同学一起来的,有家住附近胡同里的,有说一口京片子的混血儿,还有在国外留学的"小留学生"趁着暑假回北京来参加这个项目……看到这些孩子,我心中油然生出巨大的感叹:北京四合院的力量太大了,它们矗立在胡同里,历经沧桑仍未被遗忘;同时,四合院又是那么丰富包容,每个孩子都能在这里找到自己感兴趣的东西。而我,也找到了自己要写作的内容。

我在《四合院营造计划》这部作品中设计了三个不同生活背景的孩子形象,他们通过了解北京四合院的传统营造技法,更加熟悉了北京这座城市,各自领悟了生活的真谛,实现了成长。他们各自遇到的难题不同,但解决方法是一致的,那就是靠亲情与爱。他们学习的不仅是四合院的营造技法,也是家的"营造"方法。

人们之所以迷恋四合院,绝不仅仅因为迷恋那些建筑本身,更是因为对其中那份人间烟火气的向往。归根结底,是对家的依恋。